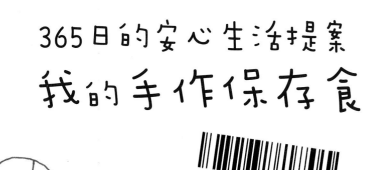

365日的安心生活提案
我的手作保存食

U0063339

作者的話

這本書，是我每天做的保存食的完整記錄。保存食是種讓人做著做著就會愛上的魅力料理。我每年都滿懷著愛製作，用心感受季節感，期待能讓四季當季食材吃起來更美味。自己製作，不只能放心食用，也能享受食材熟成的過程和成品。衷心希望透過此書，能令各位感受保存食的美味和製作的樂趣；如果能讓各位在其中找到任一種喜歡的食譜，將是我的榮幸。

中村佳瑞子

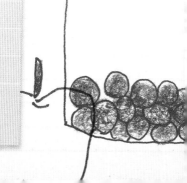

CONTENTS

Part. 4

常備菜

Part. 5

水果酒

Part. 6

調味料

我的自製 DIY 醬料

古早傳統點心

＊本書使用方式＊
◎ 計量的單位，標準量匙 1 大匙為 15ml，1 小匙是 5ml，標準杯 1 杯是 200ml。
◎ 如果要長期保存，容器務必要煮沸消毒過後再使用。
◎ 賞味期限只是一個大概的標準，依季節、氣溫及保存狀況，可能會有所不同。
◎ 作法的頁面所記載的 memo 欄，可以在您製作料理時直接做記錄，在製作專屬於您的食譜
　 時可以派上用場。
◎ 作法頁面上的 check 欄，是讓您完成該頁食譜時，做記號用。
◎ 菜名前有♛記號的是作者所推薦的「希望各位讀者務必嘗試製作的食譜」，供作參考。

做好保存食的 4 大訣竅

1 關於季節

日本，是一個可以用肌膚感受到春夏秋冬的美好國家。因為有明顯的四季變化，所以能享受到不同季節的當季新鮮美味。從小，我就熱愛能將當季美味封存的保存食。祖母會製作醃梅子、媽媽每年都會醃漬蕗蕎……這才發現，原來我總是吃著保存食。製作保存食時常說的「米糠床在夏天要放入冰箱裡，冬天要放在室溫下」這句話，意味著調味份量的多寡是很重要的。關於食材的選擇和製作的時機，必須一邊耐心地配合季節的變化，一邊悠閒自在地的進行，這不就是能順利的製作保存食的要領嗎？

2 關於殺菌

用心製作的保存食，如果保存容器不乾淨的話，就會發霉或腐壞，導致無法食用。因此，如何將容器殺菌就很重要了。短期間的保存時，使用附有蓋子的容器、瓶子或是塑膠製的密封盒就足夠了。放入保存食品之前，必須確認是否有殘留之前放在其中的食材的味道。使用具殺菌效果的洗潔劑清洗，或者淋上熱水消毒來使用便很安全。如果要長時間保存，請將瓶子煮沸消毒後再使用。較大的瓶子和甕裡可噴上蒸餾酒(燒酎)，也是消毒方法之一。

3 稍微多費一點工夫

保存食品只需稍微多費一點工夫,就能夠長久保鮮。最好的方法是將瓶子裡填裝的食品「脫氣」。所謂的「脫氣」,是將裝有食品的瓶子,用熱水煮沸,去掉瓶內的空氣,來提高保存效果。脫氣的方法:將裝有食品的瓶子的瓶蓋輕輕栓上,放在較深的鍋子裡,將水注入到七分滿,煮約15分鐘後取出瓶子,再將瓶蓋重新拴緊。將瓶子倒放在網架上,自然冷卻,當瓶子中央凹陷後,就完成了。

4 關於保存

脫氣完畢,再來就要思考要把瓶子保存在哪裡了?在瓶子外貼上標籤,記載內裝食品名稱、製造年月日、賞味期限等,之後就很方便。基本上,保存食品要放在陰涼、恆溫或冰箱冷藏室來做保存。所謂陰涼處是指15℃以下、日照無法直射且溫差小的涼爽地方。恆溫是指溫度能維持在15～20℃間(夏天時廚房的平均溫度為25℃以上)的地方,請視情況來決定放置地點。附帶一提,冰箱冷藏為0～10℃,冷凍則為-18℃以下,供作參考。

保存食的當令行事曆

時至今日，幾乎所有的食材，在一年之中的任何時刻，都能購買得到，因此要感受到所謂的「當季」食材並不容易。然而，使用當令食材來製作料理，是最好吃、營養價值最高的。若保存食能夠使用當令食材來製作，相信一定更美味可口。因此，我將本書中所記載的食譜，依照季節做了整理，提供大家製作時的參考。

SPRING 春

水煮竹筍　P49(4～5月)
夏橙果醬　P57(4～6月)
滷蜂斗菜　P112(3～5月)
釘煮小女子　P116(3～4月)
滷海瓜子　P116(12～5月)

SUMMER 夏

日式紫蘇梅　P12(5～6月)
梅汁糖漿　P16(5～6月)
紅紫蘇果汁　P17(6～8月)
糖醋醃漬蕗蕎　P20(5～7月)
醬油醃漬大蒜　P21(5～7月)
糖醋醃漬嫩薑　P24(5～7月)
薑味糖漿　P25(5～10月)
小黃瓜泡菜　P33(5～8月)
漬紅薑　P44(5～7月)
蘘荷糖醋漬　P48(5～9月)
醃漬小黃瓜　P52(5～8月)
油漬番茄乾　P53(6～8月)
滷山椒粒　P53(5～6月)
藍莓果醬　P64(6～8月)
覆盆子果醬　P65(6～8月)
無花果蜜餞　P68(5～9月)
竹筴魚一夜干　P77(5～7月)
鯖魚文化干　P84(5～12月)
醋醃鯖魚　P85(5～12月)
鹽辛烏賊　P92(5～2月)
煙燻花枝　P93(5～2月)
梅酒　P121(5～6月)
枇杷酒　P125(5～7月)
藍莓酒　P129(6～8月)
番茄沙司　P136(6～8月)
番茄醬　P137(6～8月)

Part. 1

Vegetable
蔬菜、梅子

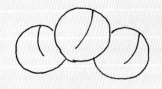

米糠漬蔬菜

這裡用了新鮮的夏季蔬菜，做成了米糠漬蔬菜。
夏天時，米糠床要放在冰箱裡，冬天則放在室溫下，
每天從底部往上攪拌，妥善保存，可以使用好幾年。
裡面沒有任何的化學添加物，可以安心地每天食用。

no.1

米糠漬蔬菜

● **材料**〈方便製作的份量〉

米糠 … 1 kg

鹽 … 200 g

水 … 3 杯

紅辣椒 … 2 根

蔬菜皮 … 適量

醃漬用蔬菜(小黃瓜、紅蘿
　蔔、茄子、蘘荷等)…
　各適量

※ 蔬菜皮指的是紅蘿蔔皮、
　白蘿蔔皮、南瓜皮等在烹
　調時要去除的部分，除此
　之外，還可加入高麗菜
　芯、芹菜葉等，可視身邊
　現有材料來使用。

● **作法**

1 米糠用中華鍋小火乾炒，再冷卻備用。

2 在附蓋容器(材質選用陶瓷、琺瑯瓷、玻璃等)
中放入米糠、鹽、水，仔細混合均勻，再放入
紅辣椒，攪拌後即為米糠床。

3 放入蔬菜皮充分混合，表面鋪平，蓋上蓋子
後，放置 2～3 天，期間每天混拌一次。

4 鹽分完全入味後，取出米糠床中的蔬菜皮。

5 醃漬用蔬菜洗淨，瀝乾水分，用鹽在表面輕輕
搓揉後，壓入米糠床中，米糠表面需鋪平。常
溫下只要醃漬一晚，若放在冰箱中，約需 2～
3 天，即可食用。

6 米糠床若過於濕潤，要用乾布吸乾水分，再加
入鹽補足鹽分。

7 使用包裝米糠粉就不用乾炒。如果使用生米
糠，炒過後使用，比較不容易損傷食材，做出
來的味道會更美味。

製作過程

A 米糠乾炒過後，要完全冷卻。

鹽

水3杯

B 將米糠和鹽好好地混拌均勻，加水製作米糠床。

蔬菜皮

C 放入蔬菜皮混拌均勻，鋪平表面，放置2～3天。

襄荷

紅蘿蔔　小黃瓜　日本茄子

用鹽輕輕搓揉

D 將醃漬用蔬菜，用鹽輕輕搓揉過後，放入米糠床中醃漬。
米糠床每天都要攪拌。

no. 2

日式紫蘇梅

醃梅子時要使用稍微成熟的梅子，
因此今年也大約從6月中旬開始醃漬作業。
自己在家製作，鹽分和柔軟度都能做調節，
還可同時做出梅子醋和醃漬紅紫蘇，非常方便。

日式紫蘇梅

●材料〈方便製作的份量〉

梅子(稍微成熟變黃的)… 2 kg
鹽(梅子用)… 240 g
燒酎 … 4 大匙
紅紫蘇葉 … 200 g
鹽(紅紫蘇用)… 30 g

●作法

1 用竹籤小心挑除梅子蒂頭。

2 迅速清洗一下，再加滿蓋過梅子的水，浸泡一晚，去除雜質。

3 撈起放在網篩上，在陰涼處靜置風乾。將梅子放在乾淨容器中，再把燒酎均勻灑在梅子上。

4 將作法③梅子鋪平，撒上鹽，蓋上乾淨的蓋子，上面放上 4 kg 的重石。為了防灰塵，要用紙覆蓋，並放在陰涼處。

5 約 3 天後，會有水浮上來(白梅醋)。如果沒有水浮出來，請上下翻動梅子或添加少許鹽，等到水分完全浮上來後，換成 2 kg 的重石，醃漬到紅紫蘇葉盛產上市時。

6 清洗紅紫蘇，摘下葉片，攤平陰乾。

7 在作法⑥葉片上均勻灑鹽，仔細搓揉，再用力擠出水分，去除澀味。紫蘇葉灑上白梅醋，搓揉過後再擠出紫蘇汁液，留下備用。紫蘇葉直接覆蓋在作法⑤的梅子上，倒入預留下來的紫蘇汁液。

8 在作法⑦上放上重石和紙，放在陰涼處，醃漬約 3 星期。

9 取出梅子、紫蘇，在網篩上攤平，放在日照通風良好處，曬 2 ～ 3 天。

10 將作法⑨放在密封瓶或大甕中，放在陰涼處保存即可。若能靜置半年以上，會更入味。

紅梅醋

是使用紅紫蘇來醃梅子時，所產生的汁液，不放入紅紫蘇就稱為白梅醋。能夠享受梅子爽口的酸味，添加在壽司醋裡或做為蔬菜調味料都很好用。需要放在冰箱冷藏，保存期約 1 年。

A 用竹籤挑除蒂頭。

B 迅速清洗,在滿滿的水中浸泡一晚。

燒酎
4大匙

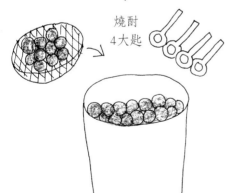

C 梅子放入容器中,灑上燒酎。

D 均勻撒鹽。

E 蓋上重量等於梅子2倍重的重石,蓋上紙,放在陰涼處。

F 紅紫蘇清洗30分鐘左右，攤平陰乾。

白梅醋

I 將白梅醋淋在紅紫蘇上，再搓揉。

鹽

G 撒上鹽仔細搓揉。

J 將紅紫蘇蓋在梅子上，倒入紫蘇汁液。

H 用力擠出水分。

K 放上重石蓋上紙，在陰涼處保存。

no.3 梅汁糖漿

富含梅子精華的梅汁糖漿，
我最愛在盛夏時飲用。
在放有冰塊的杯子裡放入糖漿，加水3～4倍稀釋，
喝下後，夏天的疲勞感瞬間消除。

紅紫蘇果汁

鮮艷的紅色，是一款外觀漂亮的果汁。
今年的紅紫蘇季節時，
就大量製作、每天飲用吧！
清爽的味道，大人小孩應該都會喜歡。

梅汁糖漿

● **材料**〈方便製作的份量〉

梅子 … 500 g

細粒冰糖 … 300 ～ 500 g

● **作法**

1 梅子(青梅或成熟黃梅均可)洗淨，擦乾水分。

2 在煮沸消毒好的廣口瓶中，交互放入各約 ⅓ 的梅子和冰糖，再放到陰涼處醃漬。

3 期間稍微晃動瓶子，放置約 1 個月就完成了。

※ 盡量在夏天結束前喝完。取出的梅子，可和細砂糖 一起燉煮成梅子果醬。

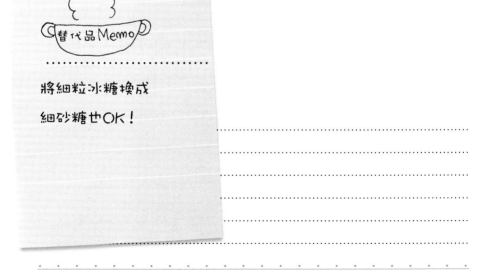

替代品 Memo

將細粒冰糖換成

細砂糖也 OK！

no. 4

紅紫蘇果汁

● **材料**〈方便製作的份量〉

紅紫蘇葉 … 300 g

水 … 1.5 ℓ

醋 … 1 杯

細砂糖 … 300 ～ 500 g

● **作法**

1 摘下紅紫蘇葉，仔細清洗後瀝乾水分。

2 在鍋子裡放入水、醋加熱，再放入紫蘇葉，用小火燉煮 1 分鐘(不要煮沸)。

3 將作法②趁熱過篩。

4 將作法③放入鍋中，加入砂糖，用小火煮至糖溶化。

5 將作法④放入煮沸消毒過的瓶子裡，放入冰箱中保存即完成。

memo

no.5
糖醋
醃漬蕗蕎

脆脆的口感和獨特的香味，
是糖醋醃漬蕗蕎的特點。不只可以單獨品嚐，
也可以代替調味料，放入炒飯或淋醬中，
是我家餐桌上不可或缺的一道小菜。

醬油
醃漬大蒜

作法非常簡便，應用也很廣泛。
可以切成薄片做下酒菜、當做烤肉醬或調味料。
最開心的是，和蔬菜、肉、魚……等，
任何一種食材搭配都很適合。

no. 5

糖醋醃漬蕗蕎

● **材料**〈方便製作的份量〉

〈先做鹽漬〉

蕗蕎(新鮮帶土的)… 1 kg

鹽 … 100 g

水 … ½ 杯

醋 … 1 杯

紅辣椒 … 3 根

〈再做糖醋醃漬〉

鹽漬蕗蕎 … 適量

醋 … 1 杯

細砂糖、味醂 … 各 ½ 杯

● **鹽漬蕗蕎的作法**

1 帶土的蕗蕎放入盆子裡，用刷子仔細刷除表面的泥土。

2 上下連接根部和莖的部分分別切平。

3 蕗蕎要換水仔細清洗，去掉薄皮，再放在網篩上瀝乾水分。

4 在蕗蕎上撒鹽，和紅辣椒(切半)一起放入煮沸消毒好的容器裡，倒入水和醋。

5 放上重石，靜置約 2 星期。

6 保存時，請加蓋並放在陰涼處即可。

● **糖醋醃漬的作法**

1 將鹽漬蕗蕎取出必要的份量，在網篩上鋪平，曬約 2 ～ 4 小時。

2 將醋、砂糖、味醂放在鍋子中，開火煮滾，將糖拌溶後熄火，冷卻備用。

3 將作法①放入煮沸消毒好的瓶子裡，倒入作法②，為了避免蕗蕎浮起，用保鮮膜貼住表面。

4 放入冰箱冷藏，約 2 星期後即可食用。

替代品
Memo

若沒有重石，

用保鮮膜貼在

蕗蕎表面上亦可。

no.6

CHECK！

醬油醃漬大蒜

●**材料**〈方便製作的份量〉

蒜頭 … 10 瓣

醬油 … 200 ㎖

　（能夠浸泡蒜頭的份量）

●**作法**

1 切除蒜頭兩側黑點，再一一去除薄皮。

2 將蒜瓣放入煮沸消毒好的瓶子裡，倒入蓋過蒜瓣的醬油。

3 放入冰箱冷藏，約 1 星期後即可食用。放得愈久，風味愈佳。

memo
....
....
....
....
....
....

no.7
糖醋醃漬嫩薑

柔軟的嫩薑皮，
只要用湯匙就很容易去除，真開心！
脆脆的口感，酸甜的風味，
美味得讓人忍不住食指大動。

薑有溫暖身體的效果，可以做成糖漿保存起來。
用溫水、蘇打水稀釋，或加到紅茶、白蘭地裡都很美味。
能充分享受芳香，是我很喜歡的飲料。

no.8
薑味糖漿水

no.7

糖醋醃漬嫩薑

● **材料**〈方便製作的份量〉

嫩薑 … 200 g

醋 … 1 杯

細砂糖 … 40 g

鹽 … 少許

● **作法**

1 薑洗淨，用湯匙去皮，切成薄片。用水浸泡一下，再放在網篩上瀝乾水分。

2 調理盆中放入醋，再放入細砂糖、鹽仔細混合拌溶，即為甜醋汁。

3 煮滾一大鍋水，放入作法①，稍微汆燙後撈起，瀝乾水分。

4 在煮沸消毒好的瓶子中，放入溫熱的作法③，倒入作法②，讓薑浸泡在甜醋汁中。

5 放入冰箱冷藏保存即完成。

memo

no. 8

CHECK !

薑味糖漿

● **材料**〈方便製作的份量〉

薑 … 100 g

細砂糖 … 40 g

蜂蜜 … 40 g

水 … 150 ㎖

● **作法**

1 薑洗淨後去皮，切成薄片。

2 鍋子裡放入水、細砂糖、蜂蜜，熬煮至細砂糖溶化後，放入作法①，用小火燉煮 5 分鐘。

3 將作法②用濾網過濾出薑味糖漿。

4 將薑味糖漿倒入煮沸消毒好的瓶子裡，放入冰箱冷藏保存即完成。

替代品
Memo

細砂糖可改用
三溫糖或蔗糖，
也很美味。

memo

no.9 醃漬白菜

白菜最好吃的季節在冬天的11～1月時。
葉片捲得緊密、飽滿新鮮有水分,就是優質白菜,
可以當做選購時的參考。
醃漬白菜搭配白飯一起食用,非常美味。

no.10 台式泡菜

晚餐好像少一道菜時，
這是可以迅速做出來的便利菜。
可以加入任何自己喜歡的蔬菜，隨意搭配，
最後加入的香油，可提升食慾！

no. 9

醃漬白菜

● **材料**〈方便製作的份量〉

白菜(大型)… 2 顆

鹽 … 白菜重量的 4%

昆布 … 20 ㎝

紅辣椒 … 3 根

● **作法**

1 用菜刀在白菜根部切出十字，再用手掰開。

2 將白菜放在網篩上，在日照良好的地方，曬 1 ～ 2 天，這樣可以引出白菜的甜味。

3 昆布切成寬 3 ㎝ 段狀。

4 剝下作法②白菜的外葉，將葉片之間仔細清洗 後再瀝乾水分。剝下的外葉要留下備用。

5 在保存容器內撒上一撮鹽，將白菜切口向上， 沒有空隙地緊密排好(參照 PointA)。在上方散 放鹽、昆布、紅辣椒，再排入第二層白菜，方 向要和第一層垂直，撒上鹽，再放入昆布、紅 辣椒，反覆此作業(參照 PointB)。

6 在最上方排入作法④的白菜外葉，上面撒上兩 撮鹽，蓋上蓋子，放上白菜 2 倍重(曬之前的 重量)的重石。

7 在 2 ～ 3 天後，待水浮出來，將重石減半。

8 等到 4 ～ 5 天後，即可食用。

※ 用拇指、食指、中指抓取 1 次，即為一撮鹽。

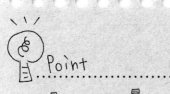

白菜
鹽

A 容器底部撒上一撮鹽，將白菜切口向上，沒有空隙地緊密排好。

昆布
3 ㎝
紅辣椒 3 根

B 在上方散放鹽、昆布、紅辣椒，放入白菜，第二層和第一層呈垂直。

no. 10

CHECK !

台式泡菜

● **材料**〈方便製作的份量〉

白菜 … ¼ 顆

紅蘿蔔 … 5 cm段

鹽 … 1 小匙

A
┌ 白醋 … 2 大匙
│ 細砂糖 … 1 大匙
│ 紅辣椒 … 1 根(切圓片)
└ 鹽 … 少許

香油 … 1 小匙

● **作法**

1 白菜切 1 cm片狀，紅蘿蔔切絲，撒上鹽，混拌均勻。出水後瀝乾水分，放入調理盆中。

2 材料 A 拌勻至糖溶化，淋在作法①中，再混拌均勻。

3 淋上香油，迅速拌勻後，放入密封保鮮盒中，再移入冰箱冷藏室，約 1 小時後即可食用。

memo

....

....

....

....

....

....

韓式泡菜

以醃漬白菜為基底，多下了一些工夫，
做出辛辣的韓式泡菜，能夠促進食慾。
要加入鹽漬小蝦米來幫助發酵，
今年的泡菜才能美味可口！

no.12 .13
辣蘿蔔&小黃瓜泡菜

在泡菜中很受歡迎的
辣蘿蔔&小黃瓜泡菜。
和啤酒很搭，夏天時當成下酒菜，
別有一番滋味！
因為是自家醃漬的關係，
期間可適當調節出喜歡的風味。

13
小黃瓜泡菜

12 辣蘿蔔

韓式泡菜

● **材料**〈方便製作的份量〉

醃漬白菜 … 2 顆份
白蘿蔔 … 1 條
紅蘿蔔 … 適量
蘋果 … ½ 顆
韭菜 … 1 把
蔥 … ½ 支
薑 … 10 g
蒜頭 … 2 瓣
鹽漬小蝦米 … 100 g
紅辣椒粉 … 1 大匙
酒 … 4 大匙
細砂糖 … 1 又 ½ 小匙
醬油 … ½ 大匙

● **作法**

1 白蘿蔔、紅蘿蔔、蘋果分別切絲，韭菜、蔥切末，薑、蒜頭磨泥備用。

2 除了白菜外的所有材料，放入鍋中，煮沸後，放在平盤上冷卻。

3 在白菜葉間夾入少許作法②，重複進行(參照 PointA)。

4 將白菜葉前端捲起(參照 PointB)，放入容器中，緊密排放，不要有空隙(參照 PointC)。

5 撒上剩下的作法②，放上重石，靜置 3 天即完成。取出後不需清洗，切小塊後即可盛盤。

Point

A

在一層層白菜葉間夾入作法②。

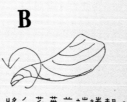

B

將白菜葉前端捲起。

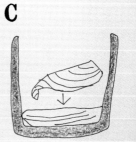

C

再緊密擺放在容器中，避免有空隙。

辣蘿蔔&小黃瓜泡菜

●材料〈方便製作的份量〉

〈辣蘿蔔〉

白蘿蔔 … 1 條

鹽 … 20 g

紅辣椒粉 … 2 大匙

蔥 … ⅓ 支（切蔥花）

A
| 紅辣椒粉 … 2 大匙
| 細砂糖 … 1 大匙
| 薑泥 … 15 g
| 鹽漬小蝦米 … 30 g

〈小黃瓜泡菜〉

小黃瓜 … 6 條

鹽(小黃瓜用)… 適量

白蘿蔔 … 200 g

鹽(白蘿蔔用)… 1 小匙

蔥 … ⅓ 支

韭菜 … 4 根

紅辣椒粉 … 1 小匙

紅辣椒絲 … 少許

昆布高湯 … 1 杯

A
| 細砂糖 … 1 小匙
| 蒜泥 … 1 瓣份
| 鹽漬小蝦米 … 1 小匙
| 薑泥 … 5 g

●辣蘿蔔的作法

1 白蘿蔔削皮，切成 1.5 cm 丁狀，用鹽搓揉後，再靜置 30 分鐘，等白蘿蔔出水軟化時迅速清洗，再放到網篩上，瀝乾水分。

2 白蘿蔔和紅辣椒粉搓揉混拌均勻。

3 將材料 A 放入作法②中，仔細混拌至糖溶化，最後放入蔥花拌勻即完成。

●小黃瓜泡菜的作法

1 小黃瓜切除兩端黑點後切半，縱切十字，另一端留約 2 cm 不切斷。用鹽搓揉至小黃瓜出水軟化。

2 白蘿蔔切絲，用鹽搓揉至出水軟化，瀝乾水分。蔥切絲、韭菜切 1 cm 段狀備用。

3 將作法②、紅辣椒粉、紅辣椒絲、材料 A 仔細混拌均勻。

4 將小黃瓜稍微清洗後，擦乾水分，在切口處塞入作法③，淋上高湯，靜置至入味即完成。

no.14
米糠漬白蘿蔔

冬天曬出來的白蘿蔔，有著自然的甘甜。
使用發酵後的米糠床，來醃漬白蘿蔔，
是日本餐桌上不可或缺的漬物。
脆脆的口感，是漬蘿蔔最迷人的地方。

no.15
麴漬白蘿蔔

如果想要不花時間及工夫，
簡便地做出麴漬白蘿蔔，請將醃過的
白蘿蔔洗過後陰乾，加入酒釀，
壓上重物後，放在冰箱冷藏保存即可。

no. 14

米糠漬白蘿蔔

● **材料**〈方便製作的份量〉

白蘿蔔 … 1 條

米糠(炒過) … 100 g

細砂糖 … 1 大匙

鹽 … 曬乾白蘿蔔重量的 5%

紅辣椒 … 2～3 根

柿子皮、蘋果皮、橘子皮

　　… 適量(曬乾)

● **作法**

1 白蘿蔔縱切一半，放在室外曬約 2～3 天。

2 將除了白蘿蔔外的所有材料放入調理盆中，混拌均勻。

3 密封盒鋪上少許作法②，放入白蘿蔔，再蓋上作法②。放上比白蘿蔔重 2 倍的重石，放在陰涼處保存，出水(用布吸乾水分)後再醃 1 星期，取出後切小段即可食用。

memo
....
....
....
....
....
....

no.15

CHECK !

麴漬白蘿蔔

●**材料**〈方便製作的份量〉

白蘿蔔 … 1 條

鹽(預先醃漬用)… 白蘿蔔
　重量的 5%

麴床

> 米麴 … 100 g
>
> 細砂糖 … 70 g
>
> 鹽 … 7 g
>
> 紅辣椒 … ½ 根(切圓片)

●**作法**

1 白蘿蔔洗淨後削皮，在通風良好處陰乾 1 天。

2 白蘿蔔用鹽搓揉，放在容器中，撒上鹽，放上
　約 1 kg的重石。

3 等出水後，減輕重石的重量，再靜置約 3 ～ 4
　天，去除辛辣味。

4 將白蘿蔔取出，洗過後，放在通風良好處，陰
　乾 1 天。

5 米麴用手剝散，放入調理盆中，加入細砂糖、
　鹽混合均勻。

6 在作法⑤中放入紅辣椒，充分混合。

7 保存容器中套入厚塑膠袋，鋪上 ½ 量的麴
　床，放上白蘿蔔，再將剩下的麴床充分覆蓋在
　白蘿蔔上。

8 放入約 600g 的重石，出水後換成較輕的重
　石，放在陰涼處，醃約 2 ～ 3 天，取出後切
　圓片即可食用。

memo

no.16
地瓜乾

地瓜乾可以說是傳統食品的代表。
祖母流傳下來製作地瓜乾的美味祕訣，
在於不要每次都換掉蒸籠裡的水，
據說如此可增加甜味。

no. 17
蔬菜乾3種

說到蔬菜乾的代表，非蘿蔔乾莫屬。
因為容易保存，在滷煮或做沙拉時，
如果有缺食材，隨時都可取用，非常方便。
下次，請挑戰看看其他蔬菜，比如茄子、苦瓜等。

地瓜乾

● **材料**〈方便製作的份量〉

地瓜 … 喜好的份量

● **作法**

1 地瓜削除外皮(要削厚些)，斜切成厚1cm片狀，放在水裡浸泡10分鐘，再放到網篩上瀝乾水分。

2 蒸籠下的水煮滾，再將地瓜片放入蒸籠中，用大火蒸約10分鐘，取出，攤平在網篩上，在陽光下曬約1星期。

3 等到表面出現糖霜狀，放入塑膠袋裡保存。

小筆記

若稍微烤過，

甜味會更加明顯，

風味很像小時候的零嘴。

另外，也可以加調味料，

煮成甜辣風味。

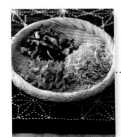

no.17

蔬菜乾3種

● **材料**〈方便製作的份量〉

白蘿蔔 … ½ 條

紅蘿蔔 … 1 條

鮮香菇 … 5 片

● **作法**

1 白蘿蔔切成長約 5 cm絲狀，紅蘿蔔、香菇分別切成薄片備用。

2 將所有材料放在網篩上攤平，放在陽光下曬至完全乾燥即完成。

※ 在秋、冬時曝曬，比夏天來得適合。如果要長期保存，盡量讓所有材料曬乾到有脆脆的口感。要使用前，請先用溫水泡開。想要長期保存的話，請放入密閉的塑膠袋或罐子中。

memo

no.18
漬紅薑

薑用紅梅醋來醃漬，就能做出「紅薑」，
如果想要製作壽司用的薄薑片，
就改用甜醋汁來醃漬。
請用不同的醃汁，做出各種不同風味吧！

no.19
福神漬

和咖哩飯最速配的福神漬，
是將蔬菜切碎，用調過味道的
醬油來醃漬。清脆的口感，
讓人回味不已。

no.18

漬紅薑

● **材料**〈方便製作的份量〉

嫩薑 … 1 kg

水 … 200 ㎖

鹽 … 60 g

醋 … 30 ㎖

紅梅醋 … 300 ㎖

● **作法**

1 薑洗淨，去皮後切成粗絲狀。

2 放入熱水中，迅速汆燙後撈起瀝乾水分。

3 將水煮滾，加入鹽煮溶後熄火，加入醋，待冷
卻後即為鹽醋水。

4 薑、鹽醋水放入容器中，醃漬 4 ～ 5 小時。

5 取出作法④薑絲，瀝乾後放入煮沸消毒好的廣
口瓶中。

6 淋入紅梅醋，若無法蓋過材料，請添加白醋
(份量外)至淹過材料，上色後即完成。

※ 長期保存時，請放入冰箱冷藏室。

memo
....
....
....
....
....
....

福神漬

●材料〈方便製作的份量〉

白蘿蔔 … 5 cm 段

蕪菁 … 1 個

紅蘿蔔 … ⅓ 條

蓮藕 … 50 g

茄子 … 1 條

小黃瓜 … ½ 條

牛蒡 … ⅓ 根

薑 … 20 g

鹽 … 2 大匙

A ⎡ 醬油 … 100 mℓ
　⎢ 細砂糖 … 100 g
　⎢ 酒 … 2 大匙
　⎣ 醋 … 2 大匙

●作法

1 將白蘿蔔、蕪菁、紅蘿蔔、蓮藕分別切成扇形，茄子縱切一半後再切成薄片，小黃瓜、牛蒡分別切成薄片，薑切絲。所有蔬菜分別用鹽仔細搓揉，待出水後洗淨，瀝乾水分。

2 將材料 A 放入鍋子裡，煮滾至細砂糖溶化後熄火，冷卻備用。

3 將作法②和蔬菜迅速混合後，將蔬菜放在網篩上，醬油煮汁再次煮滾後熄火，冷卻備用。

4 在保存容器內放入蔬菜，再加入醬油煮汁。

5 在冰箱裡大約靜置 3 天，即可食用。

memo

no.20
蘘荷糖醋漬

蘘荷有美麗的淡紅色外表及淡雅的香味，
最適合夏天食用了。這次做成糖醋口味，非常開胃。
購買的時候，請挑選圓潤、色澤佳的才是首選。

水煮竹筍

和一般水煮竹筍罐頭一樣，開封後容易損傷，
因此最好依照食用份量來裝瓶。
竹筍的嫩皮部分，用在配菜或煮湯時，非常美味。

蘘荷糖醋漬

● **材料**〈方便製作的份量〉

蘘荷 … 15 個

醋 … 1 杯

細砂糖 … 40 g

鹽 … 少許

※ 蘘荷又稱陽荷、陽藿、茗荷等，
　盛產期約在每年 7～9 月。

● **作法**

1 蘘荷洗淨，縱切一半，放入足量的熱水中，迅速汆燙，撈起瀝乾水分。

2 醋、細砂糖、鹽放入調理盆中，拌溶後即為糖醋汁。

3 將作法①放入煮沸消毒好的瓶子中，淋上糖醋汁，再放入冰箱冷藏，醃漬 1 天後即可食用。

memo

no.21

水煮竹筍

● **材料**〈方便製作的份量〉

竹筍 … 1 根

米糠 … 1 撮

紅辣椒 … 2 根

● **作法**

1 選擇個頭粗短的竹筍。剝除 4 ～ 5 片外皮，前端斜切切除，再縱切一刀。

2 在足量水中放入米糠(或用洗米水代替)、紅辣椒、作法①，煮約 1 小時，熄火待涼備用。

3 剝除竹筍外皮，切成適當大小(要比瓶子口徑小)，用流動的水沖洗約 20 分鐘，再放入煮沸消毒好的瓶子中，加入冷開水，脫氣(參照P5)後即完成。

4 竹筍皮內側較柔軟的內皮，取下後切絲，用水浸泡過，再分裝到小瓶子中(依每次食用量選擇瓶子尺寸)，添加少許鹽(份量外)及冷開水，脫氣 10 分鐘即完成。

memo

no. 22
醃漬小黃瓜

收到很多朋友贈送的小黃瓜，
我立刻做成醃漬小黃瓜。
可以當做下酒菜，
也可以做為肉類料理的配菜，
另外，切斜片後，
也很適合做為三明治的夾料。

no. 23
醃漬花椰菜

想要充分攝取富含
維生素C的花椰菜時，
醃漬花椰菜是最佳選擇。
當做招待客人的菜餚，
也很討喜。

no.24
油漬番茄乾

小番茄充分烤過，
就能將甜味精華濃縮起來。
用油浸泡醃漬後，
可以用在義大利麵或
披薩料理中。

no.25
滷山椒粒

山椒是從古早時代起，
就廣受喜愛的辛香料。
春天用山椒芽、
夏天用山椒葉、
秋天則用山椒粒，
一年四季都可享受山椒的芳香。

no. 22 醃漬小黃瓜

＊賞味期限：冷藏約 3 個月

●**材料**〈方便製作的份量〉

小黃瓜 … 500 g

鹽 … 25 g

醃漬汁

┌ 醋 … 1 又 ½ 杯

│ 細砂糖 … ½ 杯

│ 水 … 100 ㎖

│ 紅辣椒 … 1 根

└ 月桂葉 … 1 片

●**作法**

1 小黃瓜洗淨，配合容器大小切段。用鹽(份量外)搓揉後靜置，待出水後，用流動的水洗淨，擦乾水分。

2 準備方形密封盒，小黃瓜表面抹鹽，排入密封盒中，再將剩下的鹽均勻撒入，將水 100 ㎖ (份量外)從容器邊緣慢慢倒入。

3 放上和小黃瓜等重的重石，醃漬 2 ～ 3 天。

4 將醃漬汁中的細砂糖、水、紅辣椒(切半)、月桂葉一起煮滾，熄火後加醋，冷卻備用。

5 在煮沸消毒好的瓶子中放入作法③，從邊緣小心倒入醃漬汁，放約 2 ～ 3 天即完成。

no. 23 醃漬花椰菜

CHECK !

＊賞味期限：冷藏約 2 個月

●**材料**〈方便製作的份量〉

花椰菜 … 300 g

鹽、醋 … 各少許

醃漬汁

┌ 醋 … 1 杯

│ 細砂糖 … ½ ～ ⅓ 杯

│ 鹽 … 1 小匙

└ 水 … ⅔ 杯

辛香料

┌ 紅辣椒、山椒粒、月桂

└　葉等 … 各適量

●**作法**

1 花椰菜洗淨，切小朵，放入加了鹽、醋的熱水中迅速汆燙，保持爽脆度。

2 將作法①放在網篩上，冷卻備用。

3 醃漬汁和辛香料(紅辣椒切半)一起煮沸，熄火冷卻備用。

4 花椰菜放入煮沸消毒好的廣口瓶中，倒入作法③，關緊瓶蓋，放在冰箱冷藏保存即可。

no.24 油漬番茄乾

＊賞味期限：常溫約 1 個月

● **材料**〈方便製作的份量〉

小番茄 … 300 g

鹽 … 適量

乾燥羅勒、乾燥奧勒岡葉

　… 各適量

橄欖油 … 適量

● **作法**

1 小番茄洗淨去蒂，縱切一半。

2 切口朝上，均勻撒鹽，放入120℃的烤箱中，烤約 40 分鐘，靜置 1 晚。

3 在煮沸消毒好的瓶子裡，放入作法②及乾燥羅勒、奧勒岡葉，再倒入蓋過番茄的橄欖油浸泡，關緊瓶蓋，放在冰箱冷藏保存即可。

no.25 滷山椒粒

CHECK !

＊賞味期限：冷藏約半年

● **材料**〈方便製作的份量〉

山椒粒 … 100 g

酒 … ½ 杯

醬油 … 4 大匙

味醂 … 2 大匙

● **作法**

1 山椒粒用足量的熱開水迅速汆燙，浸泡一晚後，去除雜質、瀝乾水分。

2 鍋子裡放入酒、醬油、味醂，再放入作法①，用小火燉煮至煮汁收乾。

3 放入煮沸消毒好的小瓶子中，關緊瓶蓋，放在冰箱冷藏保存即可。

DATE   CHECK

Fruit

水果

* 收錄的食譜 *

夏橙果醬
草莓果醬　蘋果果醬
藍莓果醬　柚子果醬
奇異果果醬　覆盆子果醬
無花果蜜餞　蜜漬杏桃乾
栗子涉皮煮
糖煮金桔

no.26

夏橙果醬

將富含維生素C的夏橙，
全部做成果醬來享用吧！
除了夏橙，用八朔柑來做果醬也不錯，
這兩種橘子都帶有微微的苦味，讓人回味無窮。

no.26
夏橙果醬

● **材料**〈方便製作的份量〉

夏橙 … 1 kg(約 4 顆)

細砂糖 … 夏橙(皮 + 果汁)
　重量的 40 ～ 50%

● **作法**

1 夏橙放在熱水中，浸泡一段時間後，仔細洗淨
外皮。

2 在果皮上縱切數刀，將皮剝下來，去除內側白
色部分後，切成寬 2 cm的長條狀，秤量重量
(果肉留下備用)。

3 琺瑯鍋中注入足量水，放入作法②果皮，煮滾
後續煮 15 ～ 20 分鐘，直到果皮變軟。

4 撈出果皮，放在冷水中，用流動的水沖洗，去
除果皮苦澀味。

5 剝除果肉薄膜，去籽後放入紗布中，擠出果
汁，秤量重量。

6 作法④果皮和作法⑤果汁一起放入鍋中，一邊
熬煮，一邊撈除浮沫。

7 加入細砂糖，熬煮至稍微濃稠狀。因為冷卻後
會變硬，所以要注意不要煮過頭了。

8 將作法⑦放入煮沸消毒好的瓶子中脫氣(參照
P5)，再放入冰箱冷藏保存。

memo

製作過程

切口

A

內側的
白色部分 ←

a

夏橙用熱水浸泡一段
時間，再仔細清洗。
剝下外皮，
去除內側白色部分，
再切成寬2cm長條狀。

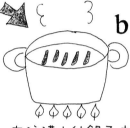
b

在注滿水的鍋子中
放入果皮，沸騰後
續煮15～20分鐘。

B

果肉   籽

取出果肉、將籽挑除。

c

用流動的水沖洗。

C 用紗布擠出
果汁後秤重。

D 果汁、果皮一起燉煮，
隨時撈除浮沫。
加入細砂糖，熬煮至呈
現濃稠狀。

59

no.27

草莓果醬

果醬裡有整顆草莓，
只要吃上一口，甜蜜多汁、滿嘴芳香。
訣竅在燉煮的時候，
要使用木匙慢慢地攪拌。

no.28
蘋果果醬

10月左右上市的紅玉蘋果，香氣濃郁、酸味強烈，
是最適合用來製作果醬的品種。
果皮依個人喜好，去除或連皮熬煮都可以。
另外，淋上優格直接享用也很好吃。

no.27

草莓果醬

● **材料**〈方便製作的份量〉

草莓 … 1 kg

細砂糖 … 草莓重量的
　40 ～ 50%

檸檬汁 … ½ 顆份

1 挑選中等大小的成熟草莓，去蒂。

2 將草莓洗淨，仔細去除髒污。

3 草莓放在網篩上充分瀝乾後，秤量重量。

4 將草莓、細砂糖、檸檬汁放入琺瑯鍋中，開火熬煮。

5 用木匙慢慢攪拌至糖溶化，等草莓濕軟，草莓籽混入汁液中呈濃稠狀後轉小火。

6 為了不破壞草莓形狀，握住鍋子把手，以搖晃鍋子的方式來混拌。

7 因為冷卻後會變硬，所以當草莓還稍微柔軟時就要熄火。

8 將作法⑦放入煮沸消毒好的瓶子中脫氣(參照P5)，再放入冰箱冷藏保存。

memo

蘋 果 果 醬

● **材料**〈方便製作的份量〉

蘋果 … 1 kg

細砂糖 … 蘋果重量的
　40 ～ 50%

檸檬汁 … ½ 顆份

● **作法**

1 蘋果仔細洗淨，去皮、籽後切成扇形。

2 鍋子裡放入蘋果、細砂糖、檸檬汁，一邊熬
　煮，一邊用木匙持續攪拌並撈除浮沫。

3 將作法②放入煮沸消毒好的瓶子中脫氣(參照
　P5)，再放入冰箱冷藏保存。

※ 如果加入蘋果皮一起熬煮，果醬會呈粉紅色。

memo

no.29
藍莓果醬

6～7月時可買到
新鮮當季的藍莓,
是製作麵包或甜點時,
常用的材料,
我常常做成醬
保存起來。

no.30
柚子果醬

日本柚子在10～12月盛產,
果皮和果實
都有迷人的芳香,
每年我都會做成果醬。
用熱水沖泡後,
就是好喝的柚子茶喔。

no.31
奇異果果醬

開始做果醬時，
奇異果還沒成熟，
所以放在塑膠袋裡，
在溫暖處放了幾天，
不負等待，
做好的果醬，味道很鮮美。

no.32
覆盆子果醬

我最喜歡的果醬，
就是覆盆子果醬，
適度的酸味，
有顆粒的口感，
酸甜的迷人芳香，
品嚐起來美味可口。

no. 29 藍莓果醬

＊賞味期限：冷藏約 2 個月

● **材料**〈方便製作的份量〉

藍莓 … 400 g

細砂糖 … 藍莓重量的
　30 〜 40%

檸檬汁 … ½ 顆份

● **作法**

1 藍莓洗淨後瀝乾水分。

2 將藍莓放入鍋中，均勻撒上細砂糖，淋上檸檬汁，用中火熬煮。

3 沸騰後轉小火，一邊熬煮，一邊用木匙攪拌並撈除浮沫，煮約 10 分鐘。

4 將作法③放入煮沸消毒好的瓶子中脫氣(參照 P5)，再放入冰箱冷藏保存。

no. 30 柚子果醬

＊賞味期限：冷藏約 2 個月

● **材料**〈方便製作的份量〉

日本柚子 … 2 顆

細砂糖 … 柚子重量的 70%

A(柚子汁 ＋ 水) … ¾ 杯

● **作法**

1 柚子仔細洗淨後橫切一半，擠出果汁備用。挖除果肉，將果皮(白色絲狀部分保留)切絲。

2 將皮放在水裡浸泡 10 分鐘，瀝乾水分，再用足量的熱水迅速燙過。

3 鍋子裡放入作法②、細砂糖、材料 A，煮滾後轉小火，一邊攪拌，一邊撈除浮沫，熬煮 15 〜 20 分鐘。

4 將作法③放入煮沸消毒好的瓶子中脫氣(參照 P5)，再放入冰箱冷藏保存。

no.31 奇異果果醬

＊賞味期限：冷藏約 2 個月

● **材料**〈方便製作的份量〉

奇異果 … 2 顆

細砂糖 … **奇異果重量的 40%**

檸檬汁 … ½ 顆份

● **作法**

1 奇異果去皮，切成 4 等分後，再切成扇形薄片。

2 鍋子裡放入作法①、細砂糖、檸檬汁，用中火熬煮，並撈除浮沫。

3 將作法②放入煮沸消毒好的瓶子中脫氣(參照 P5)，再放入冰箱冷藏保存。

no.32 覆盆子果醬

＊賞味期限：冷藏約 2 個月

● **材料**〈方便製作的份量〉

覆盆子 … 250 g

細砂糖 … **覆盆子重量的 40 ～ 50%**

檸檬汁 … ½ 顆份

● **作法**

1 覆盆子迅速清洗後瀝乾水分。

2 鍋子裡放入作法①、細砂糖、檸檬汁，用中火一邊熬煮，一邊撈除浮沫，煮約 10 分鐘。

3 因為冷卻後會變硬，所以呈現濃稠狀即熄火。放入煮沸消毒好的瓶子中脫氣(參照 P5)，再放入冰箱冷藏保存。

no.33
無花果蜜餞

為什麼叫做無花果呢？真的沒有花嗎？
其實，這是因為它的花是在果實中開花，
從外觀上是看不到的，這名稱真是非常貼切呢！

蜜漬杏桃乾

水果乾含有豐富的鈣質及礦物質，
這裡挑戰了蜜漬的作法。
想要濃稠些的話，可以酌量增加糖的用量。

no.33

* 賞味期限：冷藏約 2 星期

CHECK !

無花果蜜餞

● **材料**〈方便製作的份量〉

無花果 … 4 顆

細砂糖 … **無花果重量的 10%**

水 … 1 杯

白葡萄酒 … ½ 杯

檸檬圓片 … 2 片

● **作法**

1 無花果仔細洗淨。

2 在鍋子裡放入作法①、細砂糖、水，開火煮至
　細砂糖開始溶化時，放入白葡萄酒、檸檬圓
　片，放上小於鍋子直徑的蓋子，用小火煮約
　20 分鐘。

3 熄火冷卻後，放入煮沸消毒好的容器中，再放
　入冰箱冷藏保存。

※ 蓋子可買市售不鏽鋼有孔洞的平蓋，或是用戳洞的
　鋁箔紙、烘焙紙來代替。

memo

....

....

....

....

....

....

no. 34

CHECK !

蜜漬杏桃乾

●**材料**〈方便製作的份量〉

杏桃乾 … 100 g

細砂糖 … 60 g

水 … 1 杯

●**作法**

1 杏桃乾泡水約 30 分鐘至軟。

2 在鍋子裡放入作法①、細砂糖、水，蓋上鍋蓋，用小火煮至湯汁濃稠。

3 熄火冷卻後，放入煮沸消毒好的容器中，再放入冰箱冷藏保存。

小筆記

水果乾含豐富的鉀
和磷等礦物質，是修
復人體組織不可或
缺的營養素。

memo

栗子澀皮煮

製作的時候要特別注意，
在剪除外殼的時候不要傷到栗子表面，
熬煮後成品才會漂亮。
必須在時間充裕時才方便製作的一道食譜。

no.36
糖煮金桔

奶奶說：「寒冷時的燉煮料理不容易腐壞」，
所以在天氣寒冷時，使用當令的食材，
完成這一道糖煮金桔。金桔富含維生素C，
對預防感冒及保養喉嚨，都有不錯的效果。

no. 35

栗子澀皮煮

● **材料**〈方便製作的份量〉

栗子 … 500 g

小蘇打粉 … ⅔ 小匙

水 … 6 杯

細砂糖 … 栗子淨重的 60%

醬油 … 2 小匙

● **作法**

1 栗子放在熱水中，浸泡 30 分鐘，剪除外殼。

2 在鍋子裡放入小蘇打粉、水、栗子，開火煮滾，去除雜質，轉小火熬煮 25 ～ 30 分鐘。

3 將栗子撈出，放在水中，去掉內皮的黑色纖維。無法用手剝除時，可用竹籤等工具小心地挑除。

4 在鍋子裡注入足量水，放入栗子，煮滾後再煮 2 ～ 3 分鐘，撈起放在網篩上瀝乾，以上動作再重複一次。

5 在鍋子裡放入栗子，注入蓋過栗子的水，放上小於鍋子直徑的蓋子，煮滾後轉小火，煮約 10 分鐘。

6 加入一半的細砂糖，煮約 5 分鐘，續加入剩下的細砂糖，用小火煮 10 分鐘。

7 加入醬油，蓋上小於鍋子直徑的蓋子，續煮 20 分鐘。

8 將作法⑦放入煮沸消毒好的容器中，再放入冰箱冷藏保存。

memo

no.36

CHECK !

＊賞味期限：冷藏 2 ～ 3 個月

糖煮金桔

●**材料**〈方便製作的份量〉

金桔 … 300 g

細砂糖 … 150 g

水 … 1 杯

●**作法**

1 金桔洗淨，用水浸泡一晚。

2 煮滾一鍋水，放入金桔，煮約 2 ～ 3 分鐘，撈起放在網篩上瀝乾。

3 金桔用水洗淨，在水裡浸泡過後再瀝乾水分。

4 在金桔周圍縱切 5 ～ 6 處切口，從切口用竹籤尖端挑出金桔籽(參照 Point)。

5 在鍋子裡放入細砂糖、水煮溶，即為糖漿。

6 金桔放入鍋中，蓋上鍋蓋，用小火慢慢燉煮，15 分鐘後熄火，靜置冷卻，使其入味。

7 將作法⑥放入煮沸消毒好的容器中，再放入冰箱冷藏保存。

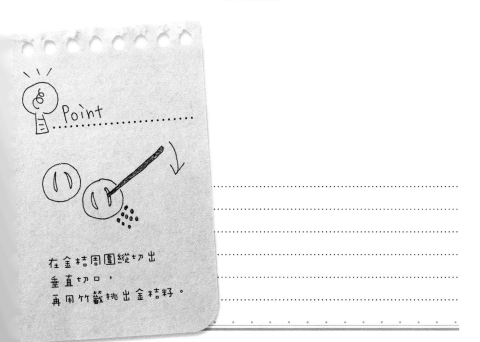

Point

在金桔周圍縱切出
垂直切口，
再用竹籤挑出金桔籽。

Part.3

Fish

魚

* 收錄的食譜 *

竹筴魚一夜干

秋刀魚丸干　味醂秋刀魚乾

鯖魚文化干　醋醃鯖魚

味噌醃鰆魚　粕漬鯛魚

鹽辛烏賊　煙燻花枝

鮭魚南蠻漬

油醃沙丁魚

no.37

竹筴魚一夜干

在做一夜干前，要密切注意天氣預報。
儘量選擇晴天且稍微有風的日子。
曝曬時間約1.5~5小時，
表面呈現乾燥的樣子，就完成了。

竹筴魚一夜干

● **材料**〈方便製作的份量〉

竹筴魚 … 4 條

水 … ½ 杯

鹽 … 比竹筴魚重量的
　　3%稍微多些

● **作法**

1 購買新鮮的竹筴魚。從魚肚橫剖開來,沿著魚
骨剖到魚背(魚背不切斷),再剖到魚尾,魚頭
處也沿著切痕剖開。取出內臟和魚鰓,讓竹筴
魚完全展開攤平。

2 用淡鹽水將竹筴魚迅速清洗後,瀝乾水分。

3 平盤中放入水、鹽拌溶,再並排放入竹筴魚,
兩面共浸泡 10 分鐘。

4 擦乾水分,用曬衣夾吊掛起來,在陽光下曬
1.5 ～ 5 小時。

※ 冷凍前,先用保鮮膜包好,再用鋁箔紙包起來,放
入冷凍室中保存。

製作過程

比竹筴魚重量
3%稍多的鹽

水½杯

A 用菜刀從竹筴魚
魚肚處剖開。

D 在平盤上放入鹽水，並
排擺放竹筴魚。一邊加
以翻動，放置約10分鐘。

B 取出內臟和魚鰓。

E 擦乾水分。

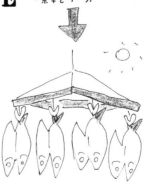

C 用淡鹽水迅速洗
淨，擦乾水分。

F 將竹筴魚吊掛起來，放
在陽光下曝曬。

no.38
秋刀魚丸干

秋刀魚用鹽水浸泡後再曬乾，
美味大大加分，更加可口，馬上就來做做看。
一次份量做多些，
再用保鮮膜和鋁箔紙包好，冷凍保存吧！

no.39
味醂秋刀魚乾

自製的味醂秋刀魚乾，
可隨個人喜好調整甜度，讓人開心，
在這裡，我將秋刀魚的甜度稍微降低了。
此外，沙丁魚、鯥魚、旗魚都適合做成味醂魚乾。

no.38

秋刀魚丸干

●**材料**〈方便製作的份量〉

秋刀魚 … 5 ～ 10 條

水 … 1 ℓ

鹽 … 100 g

●**作法**

1 用菜刀從秋刀魚魚肚處剖開，取出內臟。

2 用淡鹽水將秋刀魚洗淨，尤其魚肚要仔細清洗，再擦乾水分。

3 平盤中放入水、鹽拌溶，放入秋刀魚，浸泡 20 ～ 30 分鐘。

4 在通風良好處曝曬約半天即可。

※ 丸干原意指不切開的干物，除了秋刀魚外，馬鮫魚、沙丁魚、梭魚、鰈魚等比較小型的魚也常做為丸干的素材。新鮮的或是小型的魚，內臟可不去除，品嚐特有的苦甘味。

memo

no.39

味醂秋刀魚乾

●**材料**〈方便製作的份量〉

秋刀魚 … 2 條

醬油 … 3 大匙

味醂 … 3 大匙

鹽 … 適量

●**作法**

1 秋刀魚從魚背剖開(參照 Point)，用濃度 3.5%
的鹽水(等於海水)洗淨後，放在網篩上，仔細
擦乾水分。

2 醬油、味醂用小火煮約 3 分鐘，做成醬汁。
將秋刀魚放在醬汁中，浸泡 30 分鐘。

3 瀝乾醬汁，放在陽光下曝曬 4 小時～半天即
完成。

memo

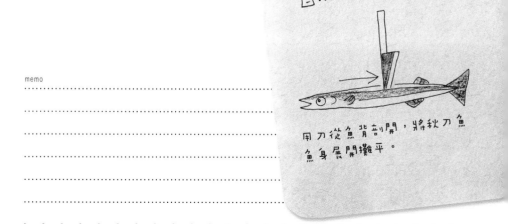

Point

用刀從魚背剖開，將秋刀魚
魚身展開攤平。

no.40
鯖魚文化干

文化干的作法，是將魚用鹽水浸泡入味，撒上白芝麻後再曬乾。
選用新鮮的魚來製作是一定要遵守的鐵則。
選擇眼睛澄澈透明、魚鰓呈漂亮紅色，
魚身有光澤透明感的，就是新鮮的魚。

no.41
醋醃鯖魚

醋醃鯖魚若想要長久保存，
就浸泡在醋裡久一些。不過，我自己比較喜歡，
用醋醃到魚肉中間還留有一點紅色時就取出，
這樣魚肉才會結實，吃起來也比較美味。

no.40

鯖魚文化干

● **材料**〈方便製作的份量〉

鯖魚 … 1 條

水 … 1 ℓ

鹽 … 180 g

白芝麻 … 適量

※ 鯖魚又名青花魚、花飛。

● **作法**

1 切下魚頭，從魚背順著魚骨剖開，將魚切成 2 片，其中 1 片帶有魚骨。

2 將魚骨用菜刀切下(參照 PointB)，完成 2 片魚肉、1 片魚骨，即為 3 片切。

3 平盤中放入水、鹽拌溶，放入魚片，浸泡 1 小時。

4 取出魚片，稍微甩除多餘水分，趁未乾前撒上白芝麻。

5 在通風良好、有日照處曝曬約半天即可。

 Point

A 用菜刀從魚背順著魚骨剖開，將魚切成 2 片。

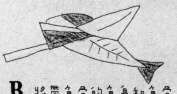

B 將帶魚骨的魚身和魚骨切開，完成 3 片切。

no.41

醋醃鯖魚

● **材料**〈方便製作的份量〉

鯖魚 … 1 條

鹽 … 適量

昆布 … 30 ㎝

醋 … 適量

水 … 適量

● **作法**

1 將鯖魚切成 3 片(參照 P88)。兩面均勻裹上鹽，放入冰箱冷藏靜置 1 小時。

2 準備醋水(醋：水＝1：1)，將鯖魚身上的鹽迅速洗淨。

3 昆布放在平盤上，倒入醋，放上鯖魚，醋的用量要蓋過鯖魚。

4 約 20 分鐘後取出，魚腹向上放在砧板上，用小夾子挑除中間的小魚刺(參照 PointA)。順著魚刺生長方向，比較容易夾出來。

5 翻面，讓魚皮向上，將魚肩的皮稍微從魚身上剝開，再一口氣拉向魚尾，就能去除魚皮(參照 PointB)，切片後盛盤即完成。

Point

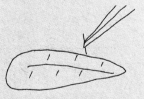

A 挑除中間的小魚刺。

B 從魚肩往魚尾方向剝除魚皮。

no.42
味噌醃鰆魚

藉由味噌的風味，去除魚的腥味，
受到家人的喜愛。
鰆魚使用味噌醃漬時，使用稍微甜一點的味噌，
比較好吃。也可使用紅眼鯛及鮭魚來製作。

no.43
粕漬鯛魚

在暖和的季節時，酒粕容易發酵變酸，
因此要選在每年秋天到春天的季節時製作，較適合。
酒粕和魚有相乘效果，風味絕倫，
冬天時特別能夠引起食慾。

no.42

＊賞味期限：冷藏 4 ～ 5 天

味噌醃鱈魚

● **材料**〈方便製作的份量〉

鱈魚切片 … 4 片

鹽 … 10 g

味噌床

　味噌 … 400 g

　味醂 … 4 大匙

　細砂糖 … 80 g

　酒糟 … 50 g

● **作法**

1 將味噌床的材料混拌均勻。

2 鱈魚放在網篩上，兩面均勻撒鹽，靜置 2 ～ 3 小時。

3 擦乾水分，在附蓋的容器中鋪上一層味噌床，擺上鱈魚，再蓋上味噌床。

4 蓋上保鮮膜，容器加蓋，放入冰箱冷藏保存，醃漬 1 天後即可食用。

※ 味噌床用火加熱，攪拌均勻後，可以重複使用 3 ～ 4 次。

替代品 Memo

除了鱈魚外，其他適合的還有銀鱈、紅金眼鯛、紅鯛、鮭魚、鯖魚等。

no.43

CHECK !

粕漬鯛魚

● **材料**〈方便製作的份量〉

鯛魚切片 … 4 片

鹽 … 15 g

酒粕床

[酒粕 … 400 g

 燒酎或酒 … 150 ㎖

 味醂 … 50 ㎖

 鹽 … 2 小匙]

● **作法**

1 鯛魚放在網篩上，兩面均勻撒鹽，靜置 20 ～ 30 分鐘，擦乾水分。

2 酒粕剝碎，放在研磨缽中，加入味醂、鹽、燒酎，靜置一段時間，待酒粕軟化後，用杵仔細研磨混拌。

3 在附蓋的容器中鋪上一層作法②，再將魚片和作法②交替放入，擺放時注意魚片不要有重疊的地方。蓋上保鮮膜，容器加蓋，放入冰箱冷藏保存，約 2 ～ 3 天後即可食用。

※ 酒粕床用火加熱，攪拌均勻後，可以重複使用 3 ～ 4 次。

memo

....

....

....

....

....

....

no.44
鹽辛烏賊

鹽辛烏賊有3種。
紅色的是連皮一起醃漬，
白色的是剝皮後醃漬，
黑色的則是加入墨汁一起醃漬。

no.45
煙燻花枝

用番茶和二砂糖烤焦時的香味來煙燻，
最適合當做下酒菜。
想一下最搭配哪一種酒呢？
光是想像，就有無限的樂趣和喜悅。

鹽辛烏賊

●**材料**〈方便製作的份量〉

烏賊(生魚片用)… 適量

鹽 … 烏賊重量的 10 ～ 20%

●**作法**

1 手指插入烏賊身體中，小心不要弄破內臟，把腳拉出來(參照 PointA、B)。去除軟骨後洗淨。

2 將內臟、墨囊拔出來，要小心不要弄破墨囊，肝留下備用。

3 從正中央縱切一刀，去除軟骨，用刀背將身體內側刮乾淨。

4 用菜刀側面輕輕拍打烏賊。

5 烏賊放入調理盆中，加入鹽，仔細搓揉。

6 烏賊切分為身體、三角鰭和腳，身體展開攤平後剝皮，切十字分為 4 片，再切成細條狀；鰭縱切成細條狀；腳 1 根 1 根切開，再去除吸盤，切成長 3 ㎝ 段狀。

7 擦乾水分，放回調理盆中，加入肝，用筷子仔細拌勻，再放入煮沸消毒好的容器中，加蓋，放入冰箱冷藏。

8 約半天入味後即完成。

Point

A 拇指插入魷魚身內，剝開魷魚身和內臟的接合部分。

B 握住烏賊腳，輕輕地拔出內臟。

no.45

煙燻花枝

● **材料**〈方便製作的份量〉

花枝 … 2 隻

鹽 … 1 大匙

沙拉油 … 2 又 ½ 大匙

二砂糖 … ½ 杯

番茶茶葉 … ⅔ 杯

月桂葉 … 2～3 片

● **作法**

1 花枝去除腳、內臟後剝皮，擦乾水分。均勻撒上鹽，靜置 30 分鐘，將鉤子穿過鰭，吊掛在通風良好處曝曬 3～4 小時。

2 大型炒鍋燒熱，放入 2 大匙沙拉油，依照二砂糖、番茶的順序鋪平，擺上月桂葉。

3 鍋中放入金屬網架，花枝表面薄薄地塗上 ½ 大匙沙拉油，放在網架上。

4 蓋上鍋蓋，以稍大的火煙燻，開始冒煙時改為弱火，燻約 5～7 分鐘。

5 停止冒煙後取出，放在網篩上，用陽光曝曬半天至完全乾燥及完成。

memo

no.46

鮭魚南蠻漬

鮭魚除了煎、烤外，
也可以炸過後再醃漬，就能延長保存期限。
可以吃到洋蔥、紅蘿蔔、青椒等許多蔬菜的甘甜味，
營養均衡又好吃。

no.47
油醃沙丁魚

想要將營養豐富的沙丁魚,連骨頭都吃進去,
做成油醃沙丁魚或鹽醃鰹魚最便利。
因為用油醃漬,可以去除腥味,
也能夠保存,是我很喜歡的食譜之一。

＊賞味期限：冷藏 3～4 天

鮭魚南蠻漬

● **材料**〈方便製作的份量〉

鮭魚切片 … 4 片

洋蔥 … ½ 顆

紅蘿蔔 … ⅓ 條

青椒 … 2 個

黃檸檬 … ½ 顆

鹽、白胡椒粉 … 各少許

麵粉 … ½ 杯

沙拉油 … 適量

醃漬汁

┌ 醋 … ½ 杯

│ 細砂糖 … 1 大匙

│ 鹽 … 1 小匙

│ 白胡椒粉 … 少許

│ 月桂葉 … 1 片

└ 沙拉油 … ⅓ 杯

● **材料**〈方便製作的份量〉

1 鮭魚切成一口大小，撒上鹽、胡椒粉拌勻。

2 洋蔥、紅蘿蔔分別切成細絲，青椒切圈狀，檸檬切薄片備用。

3 將醃漬汁材料放入調理盆中，拌至細砂糖溶化，將作法②放入一起拌勻。

4 鮭魚裹上薄薄一層麵粉，炸熟後，再趁熱放入作法③中拌勻，放入冰箱冷藏約 1 小時即可食用。

memo

no.47

CHECK !

油醃沙丁魚

●材料〈方便製作的份量〉

沙丁魚(新鮮的)… 300 g

鹽 … 適量

洋蔥 … 1 顆

紅蘿蔔 … 1 條

月桂葉 … 2 片

黑胡椒粒 … 6～7 粒

紅辣椒 … ½ 根(切絲)

沙拉油 … 適量

●作法

1 沙丁魚用刀切除頭部，用手指挖出內臟。

2 將沙丁魚放在網篩上，兩面均勻撒鹽，靜置 45～60 分鐘。

3 洋蔥切薄片、紅蘿蔔切成厚約 0.2 ㎝的圓片。

4 將沙丁魚稍微洗過，擦乾水分。

5 準備耐熱容器，先鋪少許作法③，疊上沙丁魚，以一層蔬菜、一層沙丁魚的方式疊完材料，最上層鋪上蔬菜，均勻撒上月桂葉、黑胡椒粒、紅辣椒絲。

6 倒入蓋過所有材料的沙拉油，加蓋，用蒸籠蒸 1～2 小時，將魚骨完全蒸軟即可。

7 待涼後，整個容器放入冰箱冷藏保存即完成。

memo

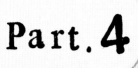

Part.4

Stock
常備菜

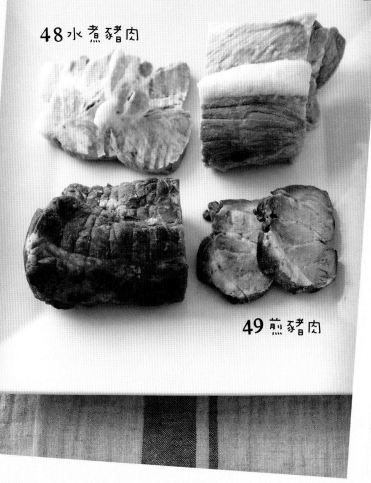

no.48 .49
水煮豬肉＆煎豬肉

48 水煮豬肉

49 煎豬肉

水煮豬肉適合搭配的醬料：將醋2大匙、醬油3大匙、
辣油1小匙、香油1/2大匙、蔥花適量一起拌勻即可。
豬肉煎之前先燉煮過，做起來簡單、不容易失敗。

no.48

水煮豬肉

● **材料**〈方便製作的份量〉

豬里肌肉(塊狀)… 400 g

酒 … 3 大匙

水 … 適量

蔥段 … 少許

薑片 … 少許

山椒粉 … 少許

● **作法**

1 將里肌肉放入有深度的鍋子中，加入酒，用大火煮約 3 分鐘，直到酒完全收乾。

2 倒入水，蓋到肉塊一半高度，放入蔥段、薑片、山椒粉，蓋上鍋蓋，用比中火稍弱的爐火，熬煮至水分幾乎完全收乾(參照 Point)。用竹籤刺入，不會滲出血水時，表示肉已完全熟透。

3 取出里肌肉，放入冰水中急速冷卻。放入容器中，再放入冰箱冷藏保存即完成。

※ 用里肌肉來做水煮豬肉，成品較為柔軟，顏色也較嫩白。

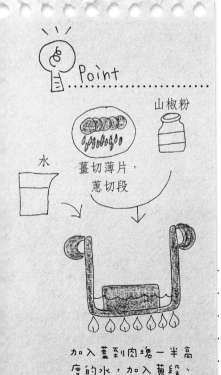

Point

山椒粉

水

薑切薄片，蔥切段

加入蓋到肉塊一半高度的水，加入蔥段、薑片、山椒粉，蓋上鍋蓋後熬煮。

no.49

煎豬肉

● **材料**〈方便製作的份量〉

豬肩里肌肉(塊狀)… 300 g

蔥段 … 少許

薑片 … 少許

水 … ½ 杯

沙拉油 … 2 大匙

醃汁

　醬油 … 2 大匙

　細砂糖 … 2 大匙

　酒 … 1 大匙

● **作法**

1 為了讓醃汁的味道滲入豬肉中，豬肉表面用叉子戳洞，越多越好。

2 醃汁拌勻至糖溶化，加入蔥段、薑片，放入豬肉塊，醃漬 2 小時到半天。中途翻動數次，讓豬肉均勻入味。

3 取出豬肉，用粗棉線將豬肉一圈圈紮緊成長條狀，尾端用力繫緊後打結(參照 Point)。

4 將豬肉放入鍋中，倒入作法②醃汁、水，蓋上鍋蓋，用大火煮滾後，再用比中火稍弱的爐火燉煮 20 分鐘。

5 煮熟後取出，待冷後打開粗棉線。

6 平底鍋加油燒熱，放入豬肉，將表皮煎至呈金黃色。

7 待豬肉冷卻後，用保鮮膜包好，放入冰箱冷藏保存即完成。

Point

用粗棉線捲起，
綑綁成長條狀。

no.50
豬肉南蠻漬

豬腰內肉切片，
用瓶子或肉槌，
輕輕拍打，
肉就容易煮熟，
完成後的肉質，
也非常柔軟。

no.51
雞肉味噌漬

要食用時，
刮除表面的味噌，
用平底鍋煎熟，
或串起來燒烤。
在我們家，
常常當做便當的配菜。

no.52
薑燒牛肉

煮過幾次後，
我有一個心得，
只要仔細地去除雜質，
就能漂亮地完成。
雖然稍微要花點工夫，
但吃起來就是美味。

no.53
酒粕雞肉

用來醃漬肉類的酒粕床，
可以重複使用，
不妨來醃漬撒上鹽的
其他肉類和魚片吧！
優點是帶有濃郁的風味，
還能保持食材的蛋白質。

no.50 豬肉南蠻漬

＊賞味期限：冷藏 3 ～ 4 天

● **材料**〈方便製作的份量〉

豬腰內肉 … 200 ～ 300 g

鹽、胡椒粉、太白粉 … 各少許

醃汁

┌ 味醂 … 2 大匙

│ 酒 … 50 ㎖

│ 醬油 … 少許

│ 醋 … 50 ～ 100 ㎖

└ 紅辣椒 … 1 根(切半)

炸油 … 適量

黃檸檬片 … 4 ～ 5 片

薑絲 … 少許

● **作法**

1 豬腰內肉切成厚 1 cm 片狀，再用瓶子或肉槌，輕輕拍打成薄片狀，撒上鹽、胡椒粉備用。

2 味醂、酒一起煮滾，酒精揮發後，加入紅辣椒，待涼後加入醬油、醋，即為醃汁。

3 豬肉片兩面裹上太白粉，再拍除多餘太白粉，放入熱油中，用大火炸熟。

4 將豬肉片撈起，放在容器中，趁熱淋上作法②醃汁，擺上檸檬片、撒上薑絲。

5 靜置 3 ～ 4 小時至入味即完成。

no.51 雞肉味噌漬

＊賞味期限：冷藏 4 ～ 5 天

● **材料**〈方便製作的份量〉

雞腿肉（雞翅也可）… 500 g

鹽 … 少許

味噌床

┌ 白味噌 … 400 g

│ 酒 … 50 ㎖

│ 味醂 … 50 ㎖

└ 細砂糖 … 30 g

● **作法**

1 雞肉切成適當大小。

2 在雞肉表面撒上鹽，靜置 1 小時以上至入味。

3 白味噌中加入酒、味醂、細砂糖，仔細混拌均勻，即為味噌床。

4 在容器中鋪上適量味噌床，雞肉間隔排放，上方再覆蓋一層味噌床。

5 繼續放上雞肉，再鋪上味噌床，將味噌鋪平後，蓋上蓋子。

6 放入冰箱冷藏保存，醃漬一天後取出，煎熟後即可食用。

no.52 薑燒牛肉

＊賞味期限：冷藏約 1 星期

●**材料**〈方便製作的份量〉

牛肉片 … 300 g

薑 … 1 塊

水 … ⅔ 杯

醬油 … 4 大匙

酒 … 2 大匙

味醂 … 1 大匙

●**作法**

1 薑去皮後切成薄片，放在水(份量外)中浸泡 5～6 分鐘。

2 鍋子燒熱，放入牛肉片拌炒，出油後再放入薑片、水。

3 作法②煮滾後轉小火，仔細撈除浮沫。放入醬油、酒、味醂，用中火燉煮，要注意不要燒焦，煮至湯汁幾乎收乾即完成。

no.53 酒粕雞肉

＊賞味期限：冷藏 5～6 天

●**材料**〈方便製作的份量〉

雞腿肉 … 2 片

酒粕 … 500 g

酒 … ½ 杯

細砂糖 … 2 大匙

味噌 … 100 g

鹽 … 1 小匙

紗布 … 容器大小 2 倍的長度

●**作法**

1 雞腿肉切成 2 片，兩面均勻撒鹽，靜置 1 小時，擦乾水分。

2 調理盆中放入酒粕、酒、細砂糖、味噌，仔細混拌均勻。

3 在平底的容器中鋪上一半作法②，放上紗布(浸濕後擠乾水分)，擺上雞肉，再將紗布反折起來，蓋在雞肉上。

4 在作法③上蓋上剩下的作法②並鋪平。

5 放入冰箱冷藏保存，醃漬 2～3 天後取出，煎熟後即可食用。

no.54 肉醬

需要再多一道菜時，
能夠迅速上桌的救急料理。
可以用萵苣葉捲起來食用，
或當做飯糰內餡，用途多多。

no.55 五目煮豆

這道菜可以吃到許多根莖類蔬菜，
讓營養攝取較為平衡。
盡量將食材切成相同大小，是最重要的訣竅。

no.54

＊賞味期限：冷藏 4～5 天

肉醬

● **材料**〈方便製作的份量〉

牛絞肉 … 200 g

薑 … 5 g

蒜頭 … 1 瓣

蔥 … ⅓ 支

A
酒 … 2 大匙
甜麵醬 … 2 大匙
味噌 … 1 大匙
醬油 … 1 小匙

香油 … 1 大匙

● **作法**

1 薑、蒜頭、蔥分別切末備用。

2 鍋子裡放入香油燒熱，爆香作法①後，放入牛絞肉炒勻。

3 加入材料 A，充分拌炒混合均勻即完成。

memo

 no.55

五目煮豆

● **材料**〈方便製作的份量〉

大豆 … 2 杯

牛蒡、紅蘿蔔、蓮藕、蒟蒻

　（分別切 1 cm 小丁）

　　　… 各 ½ 杯

昆布 … 20 ～ 30 cm

A
│ 醬油 … 4 大匙
│ 細砂糖 … 3 大匙
│ 味醂 … 2 大匙
└ 鹽 … 少許

醋 … 少許

● **作法**

1 大豆洗淨後放入鍋中，加入等於大豆重量 2
　倍的水(份量外)，靜置一晚。

2 大豆充分浸泡到膨脹後，用小火一邊去除雜質
　一邊燉煮，水分變少時，要適時加水，燉煮至
　大豆熟軟。

3 牛蒡、蓮藕切小丁時，要立即泡在醋水中，防
　止氧化變黑，再將昆布切成 1 cm 小丁備用。

4 在作法②中加入牛蒡、紅蘿蔔、蓮藕、蒟蒻、
　昆布、材料 A，用小火燉煮至煮汁幾乎收乾即
　完成。

小筆記

食材切成相同大小，

在拌炒或熬煮時，

就能均勻受熱，

吃的時候，

不僅入味也方便食用。

no.56
滷蜂斗菜

煮蜂斗菜時，
中途可熄火放涼，
再開火煮滾，
如此一來，
就能充分入味。
燉煮的時間也很重要喔！

no.57
醬油漬 炒大豆

炒大豆可以直接食用，
用醬油漬過後，
和白飯更速配。
香味撲鼻的醬油香氣，
可以刺激食慾，
是單純方便的一道常備菜。

no.58
蘿蔔葉雪裡紅

蘿蔔葉有豐富的維生素，
購買時我都選擇帶葉蘿蔔。
用新鮮的蘿蔔葉做成雪裡紅，
和白飯拌勻後就是菜飯，
是餐桌上的美味料理。

no.59
芝麻味噌醬

芝麻味噌醬可以提味或是當
簡便的配菜，搭配白飯食用，
是我常常製作的常備菜。
煮滾的時候，
味噌醬會噴濺出來，
要多加注意！

no.56 滷蜂斗菜

CHECK !

＊賞味期限：冷藏 1 ～ 2 星期

● **材料**〈方便製作的份量〉

蜂斗菜 … 200 g

醬油 … ½ 杯

細砂糖 … 2 大匙

酒 … 50 ㎖

昆布高湯 … 1 杯

● **作法**

1 蜂斗菜切除葉片。

2 用水洗淨，連皮切成 5 ～ 6 ㎝長段，放入足量的熱水中，煮約 2 ～ 3 分鐘，撈起後放入冷水中，再放到網篩上瀝乾水分，去皮備用。

3 鍋子裡放入高湯、醬油、細砂糖、酒煮滾，放入作法②，煮滾後轉小火，不時地攪拌，煮約 20 分鐘後熄火，靜置 2 ～ 3 小時。

4 將作法③放入密封容器中，再放入冰箱冷藏保存即完成。

no.57 醬油漬炒大豆

CHECK !

＊賞味期限：冷藏 1 星期

● **材料**〈方便製作的份量〉

大豆 … 100 g

昆布 … 10 g

醬油 … ⅓ 杯

味醂 … ⅓ 杯

● **作法**

1 大豆洗淨後放入鍋中，加入等於大豆重量 2 倍的水(份量外)，靜置一晚。撈起放在網篩上，瀝乾水分備用。

2 將大豆放入具厚度的鍋子中，用小於中火的火候將豆子慢慢炒熟，期間要注意避免炒焦。

3 昆布泡水至軟化，切成長 4 ～ 5 ㎝。

4 醬油、味醂和昆布一起煮滾，再倒入剛炒好的豆子拌勻。加入熱騰騰的豆子時，會發出滋滋的聲響，大豆就會膨脹鬆軟，不會變硬。

5 將作法④放入密封容器中，再放入冰箱冷藏保存即完成。

no.58 蘿蔔葉雪裡紅

CHECK！

＊賞味期限：冷藏 1 星期

●**材料**〈方便製作的份量〉

蘿蔔葉 … 1 條份
薑末 … 1 小匙
辣椒絲 … 少許
香油 … 1 又 ½ 大匙
酒 … 1 大匙
細砂糖 … ⅓ 小匙
醬油 … 1 又 ½ ～ 2 大匙

●**作法**

1 將蘿蔔葉的莖、葉分開，分別洗淨。莖如果太粗，縱切一半。葉、莖切小段備用。
2 鍋子中放入香油，燒熱後放入薑末、辣椒絲炒香，加入作法①、酒、細砂糖、醬油，拌炒至湯汁收乾。
3 將作法②放入密封容器中，再放入冰箱冷藏保存即完成。

no.59 芝麻味噌醬

CHECK！

＊賞味期限：冷藏 2 星期

●**材料**〈方便製作的份量〉

黑芝麻 … 3 大匙
紅味噌 … 100 g
細砂糖 … 5 大匙
酒、味醂 … 各 1 大匙

●**作法**

1 黑芝麻放入炒鍋中，用小火乾炒，並用木匙不停翻拌，避免燒焦，炒到略有焦香味後熄火。
2 將作法①放入研磨缽中，靜置至出油。
3 小鍋中放入紅味噌、細砂糖、酒、味醂，仔細混拌均勻。
4 放在爐子上，開小火燉煮，用木匙不停攪拌，避免燒焦，煮滾時，味噌會回到原本的軟硬度，並有噴濺的狀況，要用木匙以「り」字型不停攪拌。
5 煮好的味噌放入作法②中，和黑芝麻拌勻。
6 將作法⑤放入密封容器中，再放入冰箱冷藏保存即完成。

no.60
釘煮小女子

「釘煮小女子」是
日本瀨戶內海東部沿岸，
有名的鄉土料理。
為了保持小魚的形狀，
因此燉煮過程中幾乎不攪拌。

no.61
滷海瓜子

若長時間熬煮，
貝類肉質會變硬，
因此只熬煮醬汁，
就能讓海瓜子肉呈現漂亮顏色。

no. 62
佃煮海苔

和白飯拌勻後食用，
非常速配，
是我很喜歡的配菜。
可以調整醬油的用量，
來控制鹽分的攝取。

no. 63
佃煮昆布

充分利用煮完高湯後的昆布，
使用起來更方便。
如果使用壓力鍋來製作更簡單，
請挑戰看看吧！

no.60 釘煮小女子

＊賞味期限：冷藏 1～2 星期、冷凍 1 個月

● **材料**〈方便製作的份量〉

小女子 … 1 kg

醬油 … 1 杯

酒 … 50 ㎖

味醂 … 100 ㎖

粗粒砂糖(三溫糖也可) … 250 g

薑絲 … 50 g

※ 小女子又叫做新子，是玉筋魚的
  幼苗，體長約 3～4 cm。

● **作法**

1 醬油、酒、味醂、粗粒砂糖煮滾至糖溶化，放入薑絲拌勻。

2 小女子分三次放入鍋中，加蓋熬煮，一邊撈除雜質，一邊燉煮 30～40 分鐘(期間幾乎不攪拌)。

3 剩下少許煮汁後熄火，搖晃鍋子，讓鍋內食材充分拌勻，放在網篩上靜置至冷卻。

4 將作法③放入密封容器中，再放入冰箱冷藏保存即完成。

no.61 滷海瓜子

＊賞味期限：冷藏 4～5 天

● **材料**〈方便製作的份量〉

海瓜子肉 … 300 g

薑 … 20 g

醬油 … 4 大匙

味醂 … 1 大匙

細砂糖 … 1 又 ½ 大匙

酒 … 2 大匙

鹽 … 少許

● **作法**

1 海瓜子肉放在網篩裡，用淡鹽水輕輕洗過去砂，迅速用清水洗淨後瀝乾。

2 薑去皮後切成極細絲。

3 在淺鍋中放入醬油、味醂、細砂糖、酒，用大火煮滾，放入作法①、②，一邊混拌，燉煮至海瓜子肉膨脹，熄火後從爐子上移開，靜置到冷卻，讓海瓜子入味。

4 取另一個鍋子，倒入作法③煮汁(海瓜子肉放在小碗中備用)，煮至剩約 1/2 量，呈濃稠狀，再放入海瓜子肉一起燉煮。

5 將作法④放入密封容器中，再放入冰箱冷藏保存即完成。

no.62 佃煮海苔

＊賞味期限：冷藏 1～2 星期

●**材料**〈方便製作的份量〉

烤海苔 … 5 片

醬油 … 4 大匙

細砂糖、味醂 … 各 1 大匙

●**作法**

1 烤海苔用小毛巾包起來，在裝了水的盆子裡浸泡到溼潤，擠乾水分，取出後撕成適當的大小備用。

2 鍋子裡放入海苔，加入醬油、細砂糖、味醂，用小火燉煮至煮汁收乾。待整體呈現濃稠狀後，熄火靜置冷卻。

3 將作法②放入密封容器中，再放入冰箱冷藏保存即完成。

no.63 佃煮昆布

＊賞味期限：冷藏 1～2 星期

●**材料**〈方便製作的份量〉

昆布 … 100 g

醬油、味醂 … 各 2 大匙

酒 … ¼ 杯

醋 … 2 小匙

水 … ¾ 杯

●**作法**

1 若買到切小塊的昆布，可以直接使用；還沒切過的，就用剪刀剪成 1.5 ㎝方塊，迅速用流水洗過，放在網篩上，靜置 1 小時以上至充分瀝乾水分。

2 將醬油、味醂、酒、醋、水拌勻，放入昆布，靜置醃漬 8 小時(可在前一晚製作)。

3 將作法②放入具厚度的鍋子中，用最小火一邊輕輕攪拌，一邊慢慢熬煮。

4 待煮汁變少，昆布煮到柔軟時，將昆布移到鍋緣，將中間的湯汁淋在昆布上，煮到煮汁幾乎收乾，約需 1～2 小時。

5 完全冷卻後，放入密封容器中，再放入冰箱冷藏保存即完成。

Part.5

Fruit wine

水果酒

no.64

梅酒

到了青梅盛產的季節，就想要釀製梅酒，
讓今年能品嘗到梅酒的滋味。
稍微醃漬一陣子，或是放個好幾年，
都能享受不同的風味，
製作水果酒真是一件有趣的事呢！

no.64

梅酒

● **材料**〈方便製作的份量〉

青梅 … 1 kg
細粒冰糖 … 500 g
白酒 … 1.8 ℓ

● **作法**

1 將青梅仔細清洗乾淨,並注意表皮不要碰傷,充分瀝乾水分後,用竹籤挑除蒂頭,並用竹籤在梅子表皮上戳洞,避免梅子表皮變皺。

2 在乾淨的容器內放入梅子、冰糖,倒入白酒。

3 密封後放在陰涼處保存,釀製 1 個半月後即可飲用,3 個月後熟成,半年到 1 年間喝起來最為美味。

4 過了 1 年後,取出梅子,梅酒過篩後,放在乾淨瓶子中保存。

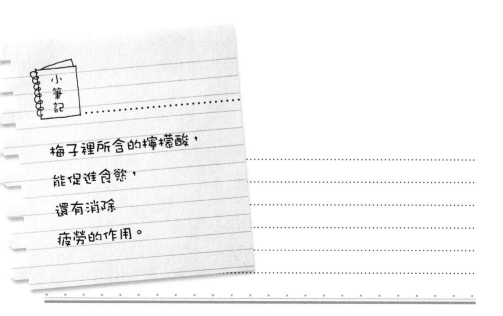

小筆記

梅子裡所含的檸檬酸,
能促進食慾,
還有消除
疲勞的作用。

製作過程

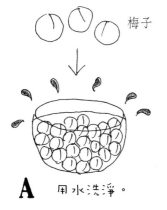

梅子

A 用水洗淨。

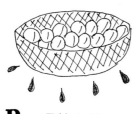

B 瀝乾水分。

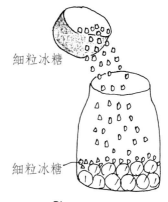

細粒冰糖

細粒冰糖

C 加入500g
細粒冰糖。

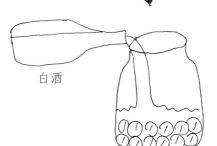

白酒

D 將白酒1.8ℓ
慢慢倒入瓶子中。
密封之後，
放在陰涼處熟成。

no.65
草莓酒

草莓酒呈現淡淡的粉紅色，看起來賞心悅目，
不加水就能享用它的美味。
如果加入少許梅酒，
甘甜的芳香讓草莓酒呈現頂級風味。

no.66
枇杷酒

初夏時節就能見到枇杷的身影。
這時，我們家會用枇杷葉煮出枇杷水，
當做止癢的妙方(要注意不能飲用)，
果實就用來釀製枇杷酒。

no.65

草莓酒

● **材料**〈方便製作的份量〉

草莓 … 1 kg

檸檬 … 2 顆

細粒冰糖 … 200～300 g

白酒 … 1.8 ℓ

● **作法**

1 草莓迅速用水洗淨，擦乾水分後去除蒂頭。

2 檸檬去皮，切成圓薄片。

3 在乾淨的容器內放入草莓、冰糖、檸檬片，倒入白酒。

4 密封後放在陰涼處保存，檸檬有苦味，釀製 1 星期後先取出。大約 1 個月時，草莓顏色會泛白，取出草莓後即完成。

小筆記

製作水蜜桃酒、洋梨酒時，加入檸檬，就會有恰到好處的酸味，味道會顯得紮實可口。

no.66

枇杷酒

● **材料**〈方便製作的份量〉

枇杷(完全成熟的果實)
　… 1 kg

檸檬 … 4 顆

細粒冰糖 … 100 g

白酒 … 1.8 ℓ

●**作法**

1 枇杷仔細洗淨，擦乾水分。

2 檸檬去皮，橫切一半。

3 在乾淨的容器內交互放入枇杷、檸檬、冰糖，
最後倒入白酒。

4 密封後放在陰涼處保存，2 個月後取出檸檬，
1 年後取出枇杷即完成。

memo

no.67
蔓越莓酒

蔓越莓對人體很好，
富含多酚(花青素、類黃酮等)，
有抗氧化的作用。
仔細洗淨連皮釀製，
會呈現漂亮的紫色。

no.68
蘆薈酒

蘆薈被稱為「免醫生」，
內服、外用有不同功效。
可說是萬能食材，
入手後不妨做成蘆薈酒，
有健胃整腸的效果。

no.69
藍莓酒

藍莓有預防
文明病的效果。
富含維生素E、維生素C，
今年也釀製成酒，
嚐起來口感佳、味道也很好。

no.70
檸檬酒

有著恰到好處的酸味和苦味，
喝起來很爽口。
富含維生素C和檸檬酸，
對身體健康，
也有加分的效果喔！

no.67 蔓越莓酒

*賞味期限：無日照、溫差小的場所，可以保存好幾年

●**材料**〈方便製作的份量〉

蔓越莓 … 400 g

細粒冰糖 … 100 g

白酒 … 1 ℓ

●**作法**

1 蔓越莓仔細洗淨，擦乾水分。

2 在乾淨的容器內，放入蔓越莓、冰糖，再倒入白酒。

3 密封後放在陰涼處保存，3 個月後取出蔓越莓即完成。

no.68 蘆薈酒

*賞味期限：無日照、溫差小的場所，可以保存好幾年

●**材料**〈方便製作的份量〉

蘆薈的生葉 … 400 g

細砂糖 … 100 g

白酒 … 1.8 ℓ

●**作法**

1 將蘆薈葉外皮用刷子仔細洗淨，去除兩邊的葉刺，再切成小塊。

2 將蘆薈放在網篩上鋪平，在通風處靜置半天，陰乾水分。

3 在乾淨的容器內放入蘆薈、細砂糖，倒入白酒，密封後放在陰涼處保存。

4 期間要上下稍加搖晃，讓蘆薈酒味道均勻。1 個月後取出蘆薈即完成。

no.69 藍莓酒

＊賞味期限：無日照、溫差小的場所，可以保存好幾年

● **材料**〈方便製作的份量〉

藍莓 … 500 g

檸檬 … ½ 顆

細粒冰糖 … 100 g

白酒 … 1 ℓ

● **作法**

1 藍莓仔細洗淨，擦乾水分，檸檬去皮後切成圓片備用。

2 在乾淨的容器內放入藍莓、檸檬、冰糖，倒入白酒。

3 密封後放在陰涼處保存，檸檬有苦味，釀製 1 星期後先取出。 3 個月後取出藍莓即完成。

no.70 檸檬酒

＊賞味期限：無日照、溫差小的場所，可以保存好幾年

● **材料**〈方便製作的份量〉

檸檬 … 5 顆

細粒冰糖 … 250 g

白酒 … 1 ℓ

● **作法**

1 將冰糖和白酒拌勻至糖溶化備用。

2 檸檬放入熱水中浸泡一段時間後，用刷子刷洗乾淨。

3 切檸檬皮時切厚些，再將果肉切成厚 1.5 ㎝的圓片。

4 在乾淨的容器內，依序放入檸檬皮、果肉，再倒入作法①。

5 密封後放在陰涼處保存， 2 星期後取出檸檬皮，1 個月後取出檸檬果肉即完成。

Part.6

Seasoning

調味料

* 收錄的食譜 *

味噌

番茄沙司

辣油

番茄醬

美乃滋

no.71 味噌

從開始製作到完成，
需要花費半年以上的時間。
但若使用塑膠袋來製作，
大概只要1個月後即可使用，
請試著做做看吧！
使用大量的麴，
很快就能做出稍帶甜味的味噌。

no.71

味噌

● **材料**〈完成品約 1 kg〉

水煮大豆(罐頭)… 450 g

米麴 … 400 g

鹽 … 80 g

水 … 150 ㎖

夾鏈袋 … 1 個

● **作法**

1 調理盆中放入米麴、鹽,仔細混拌均勻。

2 鍋子裡放入大豆、水,用大火煮 3～4 分鐘。

3 將作法②放入另一調理盆中,用叉子壓碎。

4 將作法③倒入作法①調理盆中,仔細拌勻。

5 放入夾鏈袋中,去除袋內空氣,壓平封好袋口後,放在通風良好的地方。

6 最初 2 星期內,每天都搓揉混拌,待水分滲出呈現濕軟後,每隔 4～5 天搓揉一次,使味道調合。

7 約 1 個月後即可使用。

memo

製作過程

米麴 400g　鹽80g

A 在調理盆中放入米麴和鹽，仔細混拌均勻。

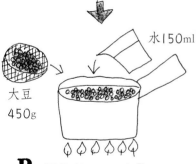

水150ml
大豆 450g

B 鍋子裡放入大豆和水，煮約3～4分鐘。

C 大豆煮過後放入調理盆中，用叉子壓碎。

壓碎的大豆

D 將壓碎的大豆，倒入混合米麴和鹽的調理盆中。

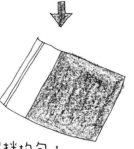

E 混拌均勻，放入夾鏈袋中，壓出空氣後將袋口封好，放在通風良好的地方。

F 最初2星期每天都要搓揉。滲出水分後，每隔4～5天搓揉一次，讓味道調合。

no.72
番茄沙司

使用完全成熟的番茄
來製作番茄沙司，
嚐起來非常美味。
可以用在披薩、焗烤菜、
義大利肉醬等料理中。

no.73
辣油

要製作出美味的辣油，
訣竅在於熱油鍋時，
紅辣椒不可燒焦。
用小火慢慢製作吧！

no.74
番茄醬

沒有添加色素及防腐劑，
是讓人很安心的配方。
製作上雖然很花工夫，
但是能讓人安心享用，
所以我常常為家人製作。

no.75
美乃滋

製作的容器及攪拌器，
都要乾淨(無水無油)！
因為有用到醋，
請務必使用
非金屬製的容器。

no.72 番茄沙司

CHECK !

＊賞味期限：冷藏 2 ～ 3 天

● **材料**〈方便製作的份量〉

成熟番茄 … 1.5 kg
洋蔥(中型) … 1 又 ½ 顆
芹菜 … 1 根
紅蘿蔔(中型) … 1 條
青椒 … 2 ～ 3 個
番茄泥 … 200 g
番茄汁(罐裝) … 400 g
義式綜合香料 … 少許
奶油 … 3 大匙
鹽、胡椒粉 … 各適量

● **作法**

1 番茄尾端輕劃十字刀，放入熱水中汆燙，撈起後剝除外皮，縱切一半，挖出種籽後切大塊，種籽用濾網過篩出番茄汁。

2 將洋蔥、芹菜、紅蘿蔔、青椒分別切碎，和奶油一起拌炒。

3 蔬菜呈焦黃色後，加入作法①和番茄泥、罐裝番茄汁，再放入義式綜合香料，煮滾至呈濃稠狀。

4 將作法③過濾，或者放入果汁機中打碎。

5 再用更細的濾網過濾。

6 倒回鍋中，加入鹽、胡椒粉調整味道，煮滾至呈濃稠狀。

7 靜置冷卻後，依照每次使用量，用塑膠袋分裝後，放入冷凍保存；或是放入煮沸消毒好的瓶子中脫氣(參照 P5)，再放入冰箱冷藏保存即完成。

no.73 辣油

CHECK !

＊賞味期限：陰涼處約 1 個月

● **材料**〈方便製作的份量〉

紅辣椒 … 5 ～ 6 根
沙拉油 … ¾ 杯
香油 … ¼ 杯

● **作法**

1 紅辣椒大致切碎。

2 在乾淨的炒菜鍋中，放入沙拉油、紅辣椒，用小火拌炒，冒出少許煙後，熄火冷卻，再燒熱，反覆 2 ～ 3 次，讓油吸收紅辣椒的香味及辣味。

3 最後倒入香油，用濾紙過濾後，放入乾淨瓶子中，再放到陰涼處保存。

no.74 番茄醬

＊賞味期限：冷藏約2星期

● **材料**〈方便製作的份量〉

番茄泥 … 600 g

水 … ⅔ 杯

洋蔥(小型) … ¼ 顆

蒜頭(小) … 1 瓣

紅辣椒 … 1 根

醋 … 4 大匙

細砂糖 … 4 大匙

鹽 … 2 小匙

香辛料

月桂葉 … 1 片

肉桂粉 … ⅓ 小匙

牙買加胡椒粉 … 1 小匙

豆蔻粉 … ⅔ 小匙

● **作法**

1 洋蔥、蒜頭分別切末，辣椒去籽後切末。在小鍋裡放入水、洋蔥末、蒜末、辣椒末，用小火燉煮30分鐘，再用手巾過篩。

2 在琺瑯瓷或玻璃製的小鍋中，放入醋、香辛料，迅速煮過，再用雙層的紗布過篩。

3 在琺瑯瓷鍋裡放入番茄泥和作法①、②，加入細砂糖、鹽，用小火燉煮到剩約2成左右。

4 放入煮沸消毒好的瓶子中，放入冰箱冷藏保存。

※ 牙買加胡椒粉又稱甘椒粉、多香果，英文是 Allspice。

no.75 美乃滋

＊賞味期限：冷藏約2～3天

● **材料**〈方便製作的份量〉

蛋黃 … 1 個份

鹽 … ⅓ ～ ½ 小匙

白胡椒粉 … 1 小匙

黃芥末醬 … 1 小匙

醋 … 1 ～ 1 又 ½ 大匙

沙拉油 … ¾ 杯

● **作法**

1 在乾淨(無水無油)的琺瑯瓷盆中，放入蛋黃、鹽、白胡椒粉、芥末醬，用攪拌器攪拌20 ～ 30 次，直到呈現濃稠狀。

2 在作法①中加入 1 小匙醋，仔細拌勻。再分次放入少量沙拉油，每次放入都要拌勻至呈現光滑狀。

3 等沙拉油加到約 1/3 份量時，加入 1 小匙醋仔細混拌。再分次放入沙拉油，每次份量要比作法②多一些，將沙拉油全部拌勻後，再加入剩下的醋，調節濃度即完成。若最後加入的醋，經過先加熱再冷卻的步驟，做好的美乃滋可以保存得比較久。

我的自製DIY醬料

no.76 番茄泥

＊賞味期限：冷藏約 2 星期

● **材料**〈方便製作的份量〉

成熟的番茄 4 kg、鹽 40 ～ 80 g

● **作法**

1 選擇完全成熟的番茄，仔細清洗後去蒂及種籽，再切碎。

2 放入琺瑯瓷或玻璃製的鍋子中，用大火煮約 7 ～ 8 分鐘，煮的時候要稍加攪拌。

3 將番茄過篩，放入洗淨擦乾的鍋子中，用小火煮至剩約 1/2 量。試吃看看，若酸味較重，放入少量細砂糖調味。若想要長期保存時，加入番茄重量 1 ～ 2% 的鹽一起熬煮。

4 趁熱時放入煮沸消毒好的瓶子中，冷卻後加蓋，放入冰箱冷藏保存即完成。

no.77 中式沾醬

＊賞味期限：冷藏約 2 星期

● **材料**〈方便製作的份量〉

沙拉油 1 杯、紅辣椒 3 根、醬油 1 杯、醋 1 杯

● **作法**

1 沙拉油放入炒菜鍋中燒熱，放入紅辣椒，炒到變黑。

2 熄火後靜置冷卻，濾除紅辣椒。

3 將油放入煮沸消毒好的瓶子中，加入醬油、醋，放入冰箱冷藏保存即完成。

no.78 烤肉沾醬

＊賞味期限：冷藏約 1 星期

● **材料**〈方便製作的份量〉

酒・醬油各 1 杯、蘋果泥 ¾ 杯、蒜泥 2 瓣份、紅辣椒粉 1 小匙、薑汁 2 小匙、蔥 1 支(切末)、切碎白芝麻 1 大匙、香油 2 小匙

● **作法**

1 小鍋裡放入酒、醬油、蘋果泥、蒜泥、紅辣椒粉、薑汁混合，煮滾後熄火。

2 冷卻後加入蔥末、白芝麻、香油，拌勻即完成。

no.79 烤肉醬

＊賞味期限：冷藏約 1 星期

● **材料**〈方便製作的份量〉

蒜頭 10 g

沙拉油・醬油各 2 大匙、洋蔥 ⅓ 顆、醋 3 大匙、細砂糖 1 小匙、烏醋 2 大匙、番茄醬 ½ 杯、番茄泥 ½ 杯、辣椒粉、鹽・甜椒粉各少許、水 ¼ 杯

● **作法**

1 蒜頭、洋蔥切成末，或是磨成泥。

2 沙拉油放入鍋子中燒熱，加入作法①，炒約 2 ～ 3 分鐘。

3 加入水和所有調味料，用小火煮約 5 ～ 6 分鐘，冷卻後即完成。

no.80 壽司醋

＊賞味期限：冷藏 2 天

● **材料**〈應用在 3 杯米＝ 6 碗飯時〉

醋 5 大匙、細砂糖 2 大匙、鹽 ½ 大匙

● **作法**

1 在小鍋中放入醋、細砂糖、鹽，熬煮至細砂糖溶化後熄火。

※要使用剛煮好的白飯來製作壽司飯。

no.81 兩杯醋

＊賞味期限：冷藏2天

● **材料**〈方便製作的份量〉
醋3大匙、醬油1大匙
● **作法**
1 將醋、醬油仔細混合均勻即完成。
※主要用來做菜餚的調味，還可加入1大匙高湯來豐富口感。

no.82 三杯醋

＊賞味期限：冷藏2天

● **材料**〈方便製作的份量〉
醋3大匙、醬油1大匙、細砂糖1又½小匙
● **作法**
1 將醋、醬油、細砂糖仔細混合均勻至糖溶化即完成。
※用在一般醋拌涼菜，不希望顏色太重的話，可以改用淡色醬油。也可以加入1大匙的高湯，來豐富口感。

no.83 甜醋

＊賞味期限：冷藏2天

● **材料**〈方便製作的份量〉
醋3大匙、細砂糖2大匙、鹽⅓小匙
● **作法**
1 將醋、細砂糖、鹽仔細混合均勻至糖、鹽溶化即完成。
※因為有甜味，所以適合製作涼拌蔬菜。

no.84 蕎麥麵沾汁

＊賞味期限：冷藏2～3天

● **材料**〈方便製作的份量〉
高湯6杯(水7杯、昆布10cm、柴魚片40g)、醬油½杯、味醂2大匙、細砂糖1大匙
● **作法**
1 製作高湯：水、昆布用小火熬煮，待昆布浮上來時取出。滾沸前轉小火，放入柴魚片，續煮約5分鐘，篩網上鋪上紙巾，過濾後即為高湯。
2 味醂用大火煮滾，加入細砂糖，待糖溶化後，放入醬油即熄火。
3 混合作法①、②即完成。

no.85 天婦羅沾汁

＊賞味期限：冷藏2～3天

● **材料**〈方便製作的份量〉
高湯2杯、淡色醬油2大匙、味醂1大匙、細砂糖2小匙
● **作法**
1 將高湯(參照上方蕎麥麵沾汁作法)煮滾，加入其他材料，煮至糖溶化即完成。

no.86 豆腐涼拌醬

＊賞味期限：冷藏2天

● **材料**〈方便製作的份量〉
豆腐½塊(150g)、細砂糖1大匙、醬油½小匙、鹽⅓小匙
● **作法**
1 豆腐用重石壓出水分，再充分擦乾。
2 放入研磨缽中，加入細砂糖、醬油、鹽，仔細研磨拌勻即完成。

古早傳統點心

no. 87 小米果

●材料〈方便製作的份量〉

日式年糕(切小丁)1杯、炸油適量、鹽少
許、砂糖糖蜜(砂糖4：水3)適量

●作法

1 日式年糕趁還柔軟時，切成 0.5 ㎝左右的
小丁，充分陰乾。

2 將油燒熱到130℃，放入小年糕，用筷子
攪拌，慢慢炸好小米果。

3 撈起後趁熱均勻撒鹽。

4 將砂糖、水放入鍋中煮至濃稠，放入小米
果，迅速用筷子攪拌，撈出後，放在塗了
薄薄一層沙拉油(份量外)的平盤上，間隔
擺好，用扇子搧涼冷卻即完成。

no. 88 紅豆羊羹

●材料〈方便製作的份量〉

豆沙餡・細砂糖各300g、寒天(或洋菜)
1根、水300㎖

●作法

1 寒天用水(份量外)浸泡，泡軟後瀝乾水分
再撕碎。鍋子裡放入泡軟的寒天及水，煮
到溶化。

2 加入細砂糖，用大火煮滾，煮到呈現拔絲
狀態。

3 將豆沙餡分次少量加入作法②中，用木匙
攪拌混合。

4 當煮到產生大氣泡時，離開爐火，倒入方
形模型中。

5 放到冰箱冷藏，凝固後即完成。

no. 89 花林糖

●材料〈方便製作的份量〉

麵粉200g、泡打粉1大匙、鹽½小匙、
雞蛋(大型)1顆、細砂糖60g、黑砂糖
100g、水½小杯、炸油適量

●作法

1 麵粉、泡打粉、鹽一起過篩備用。

2 調理盆中打入蛋，加入細砂糖拌勻，再放
入作法①粉料，用木匙混拌均勻。

3 取出放到砧板上，延展至厚約 0.5 ㎝的薄
片，切成長約 4 ～ 5 ㎝，寬 0.8 ㎝的長條
狀，兩端分往前後扭轉，即成麻花狀。

4 將油燒熱到160℃，放入作法③麻花麵
片，慢慢地炸到呈金黃色。

5 取另一個鍋子，放入黑砂糖、水，煮到沸
騰，等到氣泡變小，開始呈現濃稠拔絲狀
後，將瀝乾油分的麻花放入鍋中，迅速混
拌，取出後，放在塗了薄薄一層沙拉油的
平盤上，冷卻後即完成。

no.90 地瓜羊羹

● **材料**〈方便製作的份量〉
地瓜 450 g、細砂糖 300 g、寒天(或洋菜)
1 根、水 150 ㎖

● **作法**

1 地瓜去皮，切小塊，放入清水(份量外)中
浸泡一下，再煮至熟透。地瓜撈出後仔細
壓碎，用細濾網慢慢過篩成泥狀。

2 寒天用水(份量外)浸泡，泡軟後瀝乾水分
再撕碎。鍋子裡放入泡軟的寒天及水，煮
到溶化。

3 放入地瓜泥煮至濃稠，倒入方形模型中，
放入冰箱冷藏，凝固後即完成。

no.91 糖煮核桃

● **材料**〈方便製作的份量〉
核桃(淨重) 200 g、醬油・味醂各 ¼ 杯、
細砂糖 1 杯

● **作法**

1 將乾核桃放入調理盆中，倒入熱水迅速洗
淨，撈出放在篩網上瀝乾水分。

2 鍋內放入細砂糖、醬油、味醂，用中火燉
煮至湯汁剩約一半時，放入核桃，用搖晃
鍋子的方式來混拌(若用木匙攪拌會導致
凝固)。

3 煮到汁液呈濃稠糖漿狀即熄火，放入附蓋
的密封容器中保存即完成。

no.92 堅果脆糖

● **材料**〈方便製作的份量〉
花生(淨重) 100 g、核桃(淨重) 50 g、杏仁
50 g，細砂糖 200 g、水 1 大匙、麥芽糖 1
大匙、奶油適量

● **作法**

1 花生、核桃、杏仁分別切碎。

2 在鍋子裡放入細砂糖、水煮滾，加入麥芽
糖，煮到呈濃稠糖漿狀後，放入作法①，
混拌均勻。

3 在塗上奶油的不鏽鋼平盤上放入作法②，
用桿麵棍壓至表面平整、厚度一致，靜置
待冷，稍微凝固後切成小塊即完成。

no.93 麥芽糖

● **材料**〈方便製作的份量〉
細砂糖 70 g、水 3 大匙、沙拉油適量

● **作法**

1 在鋁箔紙或烤焙紙上薄薄塗上少許沙拉
油。上方間隔放入也塗了沙拉油的餅乾模
型。

2 在鍋子裡放入細砂糖、水煮滾，當開始呈
現金黃色後，不要用工具攪拌，用搖晃鍋
子的方式，讓糖漿顏色均勻，即可熄火。

3 迅速倒入餅乾模型中(高度不要太高)，靜
置冷卻至凝固即完成。

中村佳瑞子

料理，點心研究家。擁有管理營養師資格，在許多雜誌上發表許多健康食譜。每年製作保存食，甚至堅持從產地購買最新鮮的食材。聽說發表釘煮小女子的作法後，成為風潮。前幾年，也在東京舉辦咖啡講座，涉獵很廣。著作有『コレステロールを下げる食事』(成美堂出版)、『みんな大好き！クッキー』（主婦の友社）。

staff

作者＊中村佳瑞子
翻譯＊黃真芳
編輯＊胡玉梅
潤稿＊凌瑋琪、艾瑀
校對＊Teresa、Eva
排版完稿＊華漢電腦排版有限公司

遊廚房 02
我的手作保存食
365日楽しめる私の保存食ノート

總 編 輯　林少屏
出版發行　邦聯文化事業有限公司　睿其書房
地　　址　台北市中正區三元街172巷1弄1號
電　　話　02-23097610
傳　　真　02-23326531
電　　郵　united.culture@msa.hinet.net
網　　站　www.ucbook.com.tw
郵政劃撥　19054289邦聯文化事業有限公司
製　　版　彩峰造藝印像股份有限公司
印　　刷　皇甫彩藝印刷股份有限公司
發 行 日　2012年10月初版

國家圖書館出版品預行編目資料

我的手作保存食 / 中村佳瑞子著；黃真芳譯.
— 初版.— 臺北市：睿其書房出版：
邦聯文化發行,2012.10
144 面；14.8*21 公分. -- (遊廚房；02)
譯自：365 日楽しめる私の保存食ノート
ISBN 978-986-5944-12-4

1.食譜 2.食物酸漬 3.食物鹽漬

427.75　　　　　　　　　101019988

"365-NICHI TANOSHIMERU WATASHI NO HOZONSHOKU
NOTE" by Kazuko Nakamura
Copyright © 2010 Kazuko Nakamura
All rights reserved.
Original Japanese edition published by Metropolitan Press
Corporation, Tokyo.
This Complex Chinese language edition is published by
arrangement with Metropolitan Press Corporation, Tokyo
in care of Tuttle-Mori Agency, Inc., Tokyo
through Future View Technology Ltd., Taipei.